ATOM

A VERDADE OCULTA

"existe um tempo e uma verdade para tudo, e essa verdade é agora"

Bruno Sousa 26/05/2018

ATOM – A VERDADE OCULTA

Boa tarde! Vou começar a escrever um livro chamado ATOM – A verdade oculta. Não sei exatamente do que se trata porque é uma psicografia da entidade que me acompanha. Sei que é importante e são mensagens provenientes da sabedoria estrelar milenar.
Vai agradar a muita gente, porque todos adoram descobrir os segredos ocultos da humanidade. Tudo será explicado com o máximo de claridade e muito me apraz ser contemplado com esta missão.
Para os não crentes no divino irá parecer uma obra de ficção, e isso não é um problema. Todos aqui na terra têm um propósito único, perfeito e ninguém veio para sofrer.
Isso é um falso dogma há muito imposto por diversas religiões. Na verdade, este livro já está escrito porque não existe tempo, mas uma mensagem constante estrelar que muitos conseguem sentir e interpretar. Não conseguirei colocar tudo aqui, faz-se pertinente a leitura dos outros livros, em especial "A Mecânica quântica do universo".

Eu sou um escritor, mas antes de ser escritor sou um homem, uma entidade inteligente e um amigo. Tudo está relacionado com o amor e essa é a única vibração possível. A mensagem será entregue e já começou, queridos humanos.

Bruno Sousa

O que toda humanidade procura é uma única coisa, e isso é o amor. Somos todos filhos e irmãos da mesma entidade, com o mesmo propósito, a felicidade.

Desde que nascemos que procuramos por ela, trabalhamos, lutamos, aprendemos, rezamos. Tudo pela felicidade. Acreditamos que com esforço seremos merecedores de algum mérito, admiração. Essa admiração irá, eventualmente, transformar-se em respeito e contemplação.

Se tivermos um bom carro e uma boa casa, espaçosa e com piscina, os outros vão querer habitar nela. As mulheres vão querer passear nesse carro, vão querer dizer às amigas que finalmente encontraram alguém importante, merecedor. Assim, o homem vai e encontra o amor, é como a humanidade pensa que tudo funciona, modo geral. O pai pensa que, se educar os seus filhos para serem uns lutadores, uns vencedores, eles irão crescer e admirá-lo, amá-lo. Tudo está associado de uma forma ou de outra a um tipo de poder. Poder para comprar o amor.

Pois ninguém acredita em amor gratuito, genuíno, isento de gratificação. Nem todos conseguem alcançar o estatuto de poder, de posse e de força. Muitos tentam e pura e simplesmente não conseguem.

Se não conseguem ganhar poder financeiro, as pessoas não desistem e vão à procura de outro tipo de poder, ainda mais procurado: A beleza! Elas vão e trabalham os seus corpos, são ensinadas socialmente que uma mulher bonita vai ter as portas abertas para a felicidade.

Mas para isso terá de se sacrificar, muito. Terá de fazer muito exercício, comer pouco, passar fome. Terá de colocar cremes de beleza, hidratantes e pintar o cabelo. Terá de se transformar completamente, assim ela será amada. Um dia irá aparecer o tal príncipe encantado que lhes dará tudo, absolutamente tudo. É só uma questão de paciência...

Pelo caminho aparecerão muitos sapos. É nisso que as pessoas acreditam, para serem amadas precisam de sofrer, primeiro. Seja homem, seja mulher. Entretanto, um outro grupo de pessoas, recusa-se a aceitar esses termos. Eles resolvem não se esforçar, entram num conflito social e começam a usar drogas, afastam-se, isolam-se.

O mundo é demasiado pesado para eles. Elas também se revoltam, sendo mulheres inteligentes, resolvem viver despreocupadamente, trabalham, sustentam-se, alimentam-se bem, bebem um bom vinho e engordam. Entretanto, todas essas pessoas continuam tristes, tristes à procura da felicidade. Pois para serem felizes, elas querem e exigem ser amadas. E não são. Não são, como gostariam de ser.

O homem rico acaba por chegar à conclusão que só gostam dele pelo dinheiro, aborrece-se com a mulher, com os filhos e vai à procura do amor real, novamente. Amor esse, que nunca vai aparecer. Porque todos procuram no lugar errado – lá fora.

A dada altura, as pessoas mais frustradas começam a olhar para o céu, a perguntar a Deus o porquê de não serem amadas, de não serem ricas, de tudo na vida delas funcionar ao contrário.

E mais uma vez, não aparece solução alguma, pois continuam à procura no lugar errado. A felicidade existe sim, meus queridos. Existe, mas não nos locais que vocês procuram, não está num corpo perfeito, não está no automóvel de luxo, que vai impressionar a rua toda e provavelmente atrair varias pessoas interesseiras. Isto não é uma mensagem fácil de entregar.

A humanidade já está demasiado condicionada, ninguém acredita realmente em si mesmo. Os outros supostamente são os donos da razão. Mas eu deixarei aqui um enigma, um desafio que vai abrir uma nova porta na vossa dimensão mental.

No final deste livro, todos saberão onde está a felicidade, não de uma forma demagógica, não utilizando a fantasia, mas a magia que existe no amor de Deus, amor esse que tantos procuram sem fazer a menor ideia de onde está.

Se eu desse uma resposta rápida e imediata, não seria compreendida. As pessoas têm a necessidade de compartir, colocar tudo dentro de caixas, assim parece que tudo tem mais lógica, a biblioteca mental de cada um fica arrumada, de outra forma, qualquer tipo de inteligência é associado a loucura.

O pensamento global é linear, tudo funciona em três dimensões, começa por A, depois B, C...
É assim que as pessoas compreendem, por enquanto. Então, vamos colocar tudo dentro de caixas e cada caixa terá uma mensagem, essa mensagem será uma

metáfora e todos irão, à partida, compreender.

Não existe ninguém idiota ou menos inteligente. Isso é um preconceito, a inteligência não está no cérebro, o cérebro é apenas uma caixa, um disco rígido que serve para colocar metadados. Metadados como nomes de pessoas, países ou números de telefone. Uma pessoa pode decorar uma lista telefónica que não fica mais inteligente.

A inteligência é uma propriedade divina, expansiva, pertence ao espírito e funciona como uma luz que se expande consoante evoluímos e crescemos. O nosso cérebro pode realmente ficar cansado, mas nunca por falta de inteligência, ele simplesmente rejeita o que não interessa.

Quando estamos a ver um filme, por exemplo, o cérebro vê milhões de imagens e informação, sem se cansar. No entanto, se estivermos a decorar ou a ler algo que não nos interessa para nada, ficamos cansados e sentimo-nos pouco inteligentes.

A nossa inteligência decide o que é melhor para nós. Igualmente se estivermos a conversar com uma pessoa extremamente aborrecida, perdemos o interesse e a dada altura, já não conseguimos compreender nada. Por isso alguns professores têm tanta dificuldade em ensinar, eles pura e simplesmente são chatos.

Um bom professor é admirado e os alunos andam atrás dele, para saber mais e mais. Você pode achar que é uma pessoa muito interessante, no entanto, se os outros não se interessarem, provavelmente está a fazer algo errado.

Não tem a ver com a mensagem em si, tem a ver com a empatia que você demonstra com os outros. Ninguém se interessa realmente pelos outros, as pessoas gostam de alguém que goste delas, que as ouça, que as admire de qualquer forma.

Ao admirar o outro, você também será admirado. Mas não se preocupe, por mais que tente agradar a este mundo inteiro, é pouco provável que isso aconteça. As pessoas são todas iguais em degraus diferentes de evolução. Quanto maior a sua evolução na escadaria da eternidade, menores as probabilidades de encontrar os seus semelhantes.

Você ainda não é uma pessoa feliz, não pode ser, de fato. Se fosse, não lhe faltaria nada, nunca sentiria o vazio interno, estaria num estado de plenitude constante. Você pode ser uma pessoa relativamente feliz, mas com os seus momentos de duvida, de tristeza, de frustração.

Que é como vive a humanidade, no geral. Isso vai deixar de acontecer. Você vai descobrir a verdade oculta, o soro que permitirá alcançar todos os seus objetivos. Não é difícil, apenas parece impossível, por motivos de falta de foco, a duvida. Ninguém sabe quem é, por isso andam todos perdidos, vivendo de especulações e máscaras sociais. Escondidos por trás de falsos sorrisos, falsas realizações. Só existe uma razão para a incompletude. A carência. A carência do amor divino, do amor de todos, a rejeição.

Podemos ser amados por um, por dois ou por 100, não será o suficiente. Nada irá mudar na sua vida se comprar um Ferrari ou um televisor com ecrã gigante. Somente por um curto momento a ilusão de posse o fará feliz. Em menos de nada, regressa ao seu estado inicial. Tudo será explicado, passo a passo.

A pretensão deste livro não é atingir as mentes mais brilhantes, os eruditos, mas sim o publico em geral. Jesus afirmou para seus discípulos que quem precisava de cura, eram os doentes, não os sãos. Na verdade, quem já vive na soberba não vai à procura de respostas, não precisa. Por esse motivo, tentarei evirar tecnicismos que possam confundir os menos estudiosos. No século passado, dois físicos chamados Niels Bohr e Max Planck, amigos e contemporâneos de

Albert Einstein, descobriram um fenómeno chamado mecânica quântica.

Podia elaborar bastante sobre este processo, mas vamos simplificar e dizer que, naquela altura, Bohr descobriu que o átomo, a partícula mais pequena já descoberta pelo homem, que é a matéria que constitui todas as coisas, energia, na sua microessência esse átomo continha uma consciência interna.

Uma consciência que estava diretamente ligada ao observador, o cientista. Bohr descobriu que o átomo agia de acordo com a vontade do ser que o observava. Ele fez esta descoberta através de experiências de projeção de eletrões desse mesmo átomo, levando-os a atravessar uma parede com alguns buracos. Na observação da experiência, quando um cientista pensava que o átomo ia atravessar o buraco A, ele atravessava o buraco A. Se outro cientista pensasse que o eletrão iria atravessar o buraco B, ele atravessava esse mesmo buraco.

Numa terceira experiência, na hipótese de atravessar dois buracos aleatoriamente, o átomo não sabendo que buraco atravessar, atravessava os dois buracos ao mesmo tempo, passando a existir dois átomos ao invés de um.

A experiência foi tão impressionante que Einstein demorou 15 anos a analisar todos os fatores, até concluir que, de fato, o átomo tinha uma propriedade inteligente, consciência.

Porque resolvi mencionar este assunto?
Vai ser pertinente para a compreensão do resto do livro. Tudo à nossa volta é energia, átomos. A nossa vibração constante é o que vai criar a manifestação dessa mesma energia.

Amor é energia, a forma mais forte de energia, a força una, o centro e o todo.
Agora eu vou convidar o leitor a fazer uma experiência muito gratificante. Vou convidar o leitor a ir à procura de uma

simples pedra. Essa pedra vai ser escolhida por si, vai ser uma pedra mágica. Vai ser a sua pedra filosofal, o início de toda a sua nova vida. Procure à vontade, escolha uma pedra qualquer, que goste. Uma pedra da rua, nada do outro mundo, não tem de ser um diamante, ou um rubi. Qualquer pedra serve, desde que seja a sua escolha.

Depois de escolher a sua pedra, vou convidá-lo a lavar essa pedrinha, convém que não seja demasiado grande, nem demasiado pequena. Então você vai lavar a sua pedrinha muito bem lavada, de preferência dar uma polidela, para que fique bem agradável, para si.

A partir desse dia, você vai colocar essa pedra na sua mesa de cabeceira, ou noutro local onde costume passar mais tempo em reflexão. Vai olhar para a pedra todos os dias, segurar nela, abraçá-la, falar com ela.

A partir desse momento, algo de mágico vai acontecer, a pedra vai ganhar uma consciência e começar a ser amada, o amor que você tiver por essa pedra, será retribuído. Não importa de onde veio a pedra, ela agora é a sua pedrinha mágica. Faça isso por um mês, dois meses, o tempo todo. O que realmente vai acontecer, em termos quânticos, é que todos os átomos dessa pedra começarão a trabalhar para si, a falar consigo. Quando estiver sozinha, só por segurar nessa pedrinha, irá sentir um conforto inexplicável.

Pois ela irá trabalhar para a confortar. Você literalmente será amada por uma pedra. Toda sua energia estará ali. Nunca mais na sua vida irá largar essa pedra.

Essa pedra será Deus a falar consigo. Deus está em todo lado, Deus é amor, mas é amor que damos e que recebemos, a troco de nada.

Será muito mais fácil lidar com essa pedra, que com toda humanidade que vive numa relação de troca de favores e interesses. A partir desse momento, você vai desenvolver um poder que desconhecia, a clarividência. A clarividência é a capacidade de comunicar com os objetos e saber de onde eles vieram, com quem estiveram e o que aconteceu à sua volta. Isto é um assunto para mais tarde ser abordado.

Esta foi a primeira lição, o início de todo um percurso que vai mudar a sua vida. O ser humano precisa de amor e precisa de Deus. Não é preciso ir à igreja para encontrar Deus, ele vai estar bem ali, na sua pedrinha.

Entenda, não estou a dizer que Deus é uma pedra, estou a dizer que Deus está em todo lado, mas as pessoas têm muita dificuldade em senti-lo, falar com ele, encontra-lo. Deus está onde o amor estiver. Neste momento, não se preocupe muito com o que os outros pensam ou deixam de pensar de si, não é importante, para já.

Você provavelmente tem um trabalho, uma vida, horários para cumprir e o stress do costume. Também pode ou não ter um companheiro, um marido, filhos, não importa. É possível, também, que não trabalhe e esteja reformada/o.
Não faz diferença, o que faz diferença é a sua compreensão com o seu "eu" interior, que você muito provavelmente desconhece.

De seguida, vamos abordar o assunto da sincronicidade, algo que, certamente, achará muito interessante. Se chegou até aqui, para a frente vai ser sempre a melhorar, os meus parabéns!

A segunda parte do exercício será mais fácil. Provavelmente a sua experiência com a pedra filosofal foi gratificante, se realmente aceitou esse desafio. Agora eu vou sugerir que você faça uma outra amizade...

Gostaria que escolhesse uma planta do seu quintal, uma pequena arvore, gostaria que chegasse perto dessa planta todos os dias e tocasse nela, com amor. Que falasse com ela, que a cumprimentasse, dizendo – olá, minha querida plantinha.

Gostaria que sentisse o que diz, que sentisse o amor para com esse elemento particular.

Eu poderia simplesmente dizer para você amar o universo inteiro, mas não é assim que o processo funciona, ou todos seriam seres iluminados, não são.
Depois do jantar, saia à rua para dar um pequeno passeio, se for fumador aproveite para fumar um cigarro.

Depois vá ter com a sua plantinha favorita, fale com ela, sinta a felicidade de comunicar com esse ser.

A sua natureza interior já está em mutação. Faça isso durante semanas, todos os dias, como se de uma pessoa se tratasse. A arvore ou planta não é um ser racional, mas tem uma consciência, uma consciência superior à da pedra.

As plantas são seres vivos com propriedades fantásticas, elas são felizes apenas por absorver a luz solar. São infelizes quando as maltratamos, não se importam de ser ignoradas pois já estão habituadas, mas não estão habituadas a serem realmente amadas.

Você não imagina o amor que uma simples planta tem para dar. Está aprovado cientificamente que as pessoas que têm plantas vivas em casa, ou num quintal, são pessoas mais saudáveis tanto física como psicologicamente.

No livro "O Experimento Da Intenção", que recomendo seriamente, um estudo revelou que, no pós-guerra, um cientista que trabalhava com polígrafos, ligou um polígrafo a uma planta que tinha em casa e começou a fazer experiências.

Era meio ridículo, pois era apenas uma planta, mas ele estava reformado e resolveu fazer a experiência. Claro que a planta não respondia a perguntas, mas com o tempo essa mesma planta entrou em sincronicidade com o seu dono.

Um certo dia, o homem ao atravessar a rua, apanhou um grande susto quando quase foi atropelado. Para seu espanto, quando chegou a casa, a planta tinha acusado um enorme pico de tensão, precisamente no mesmo momento em que ele quase havia sofrido o acidente. Eles estavam em sincronia, um homem e a sua planta.

Chegámos até aqui e vou agora explicar o que é o processo de sincronicidade.

Vários cientistas já tentaram decifrar o código das aves, o motivo pelo qual todas as aves que voam em bando nunca tocam acidentalmente uma na outra. Igualmente e em voo, quando um pássaro muda de direção, todos os outros mudam ao mesmo tempo. Eles não ficam a observar qual é a direção que o outro pássaro virou, eles não têm piscas, como os automóveis. Eles literalmente viram todos ao mesmo tempo, sem nunca haver um acidente aéreo. Também não é uma questão de inteligência, eles não são inteligentes. O que acontece realmente é que todos os pássaros estão em perfeita sincronia uns com os outros, como uma estação de rádio que toca na mesma frequência. Cardumes de peixes fazem o mesmo, podem ser minúsculos, ter um centímetro de tamanho e serem milhões, todos eles nadam em sincronicidade perfeita.

Como isso é possível? Os humanos não sabem e não conseguem estar em sincronia uns com os outros, ou jamais haveria um acidente de trânsito. Agora você já aprendeu a entrar em sincronia com uma PEDRA, uma pedra...

Também aprendeu a sincronizar com uma árvore, ou uma planta. Vamos para a parte 3 do nosso exercício.

Você provavelmente já acha que percebeu tudo, que aprendeu a sincronicidade e está pronta para entrar em sincronia com os seres humanos, não está! Se estivesse, a sua vida seria ouro sobre azul.

Os humanos são o ultimo passo a dar, o mais complicado.

Você consegue, de fato, amar uma pedra. Também consegue amar uma árvore e dela receber uma energia gigantesca. Vamos passar para um animal, agora. Gostaria que escolhesse um cão, um gato, um animal qualquer, pode ser o seu próprio cão. Agora eu quero que comece a conversar diariamente com o seu animal. Não é uma conversa de duas horas, não é para se lamentar de sua vida e nem para comentar o telejornal.

Simplesmente, olhe para ele, diga o quanto o ama. Os animais têm uma vibração única, se você conseguisse ouvir o que eles emitem, iria assemelhar-se à 5ª sinfonia de Beethoven. Eles simplesmente são felizes por viver, por respirar, não exigem nada, não são realmente inteligentes, mas são puros como crianças perfeitas.

Agora eu vou convidá-la a avançar neste projeto, sinta a felicidade que obtêm com estas três entidades inferiores, primárias, uma pedra que contêm a essência de Deus, uma árvore e um cão, ou um gato.

De seguida creio que está preparada para um passeio diário, um passeio contemplativo, uma volta de meia hora por dia a andar a pé, a observar os pássaros, as rosas, as nuvens do céu.

Tente entrar em sincronicidade com estes elementos, sorria para eles, até as nuvens irão sorrir, para si. Isto é uma expansão de consciência, você já não é apenas um humano, é todas estas coisas ao seu redor, enquanto conseguir amar.

O ser humano tem uma energia inacabável de amor, uma fonte que jorra de dentro, essa fonte é Deus. Comece pelos elementos primários, animais, plantas, pedras, nuvens, até mesmo as estrelas, fale com elas à noite, elas ouvirão você, todas elas.

As pessoas geralmente têm as prioridades trocadas. Amam quem não as ama, quem não precisa ser amado. Amam quem elas julgam que compensa de amar, amam pela beleza, pelo poder, pela juventude.

Elas não procuram quem devem amar, procuram quem não as vai amar, depois sofrem. É o contrassenso ignorante.

Experimente dar um passeio e ao invés de ignorar os velhos que estão ali parados, infelizes, invisíveis, olhar para eles.

Cumprimentá-los. Ama-los um pouco... Eles nunca são amados, vão agradecer muito mais e retribuir.

Experimente fazer o oposto do que faz, que é solicitar amor e atenção a quem já tem amor a mais e atenção para dar e vender.

As pessoas amam as celebridades, aqueles que já têm a barriga tão cheia de comida que até rejeitam o melhor doce, que é você. Os homens vão à procura das maiores beldades, aquelas que já se sentem amadas por milhares.

Depois sentem a rejeição, que já devia ser óbvia. Mas as mesmas pessoas se for preciso passam por uma velhinha de muletas e ignoram-na. Passam por um cão vadio e ignoram-no. E vão à procura de amor, onde literalmente não existe.

As pessoas mais belas fazem o mesmo. Ignoram o amor de centenas e vão à procura do amor de outras ainda mais belas, depois sofrem. Elas acham que têm muito amor para dar, não têm.

O que querem é ser amadas por quem as rejeita. E sofrem, sofrem porque procuram água no deserto mais árido.
O ser humano vive para amar e ser amado. Mas há que saber onde está o amor.

Se você não for capaz de amar uma planta, como vai ser capaz de amar uma pessoa? Não vai, você só está à procura de satisfazer os seus interesses.

Os pais querem ser amados pelos filhos, apreciados, admirados, mas aos próprios pais não dedicam seu amor.

É idiossincrasia do ser humano querer o que não tem. Se você não sabe amar uma pedra, não sabe amar uma planta, não sabe amar os pássaros que pousam aos seus pés, você não ama praticamente nada no universo. Logo, por inerência, o universo não vai retribuir o amor que não tem.

Deus não vai retribuir o amor que não recebe. Porque Deus são os pássaros, são os raios de sol, são as pedras e as plantas. Se você não consegue ver isso, obviamente vai-se sentir abandonado.

E isso acontece porque você está, de fato, abandonado. Nem as plantas querem saber de você. Agora, se seguir este conselho, você irá buscar amor em todo lado. As pedras do chão irão emanar amor por si.

Até mesmo as nuvens sorrirão para si, afinal de contas, tudo é átomo, eletrão, energia e consciência cósmica. Agora você já começa a compreender o porquê da sua infelicidade? Se você receber amor de todas estas coisas, terá tanto amor para dar que um simples sorriso seu fará as delicias de qualquer celebridade.

Nenhum rico, milionário se sentirá tão completo quanto você. Aliás, esse rico, provavelmente ficará intrigado com a sua felicidade. Pois ele teve de pagar para olharem para ele. Teve de pagar para a sua esposa gostar dele.

Ainda assim, não se sente realmente amado e vai precisar de muito mais dinheiro. E com isto voltamos à ilusão do poder, do falso amor, do sacrifício corporal, da ginástica do corpo perfeito. Que não passa de uma ilusão, pois corpos, há muitos e muitos são infelizes. Agora isto é a primeira parte da compreensão do amor divino, um amor que é sublime, estar sempre acompanhado por Deus, protegido, amado por tudo e todos.

Mas para ser feliz, há uma outra entidade que você vai ter de amar ainda mais que a todas as outras, e essa entidade é você mesma!

Até que ponto você se ama?

Quando olha para um espelho, o que vê?

Você não tem de se achar lindo de aparência, não tem de se achar novo, se for velho, não tem de se achar magro, se for gordo, mas você se ama? Até que ponto você se ama? A pessoa que você tem de amar mais nesse mundo é você mesmo, se você não se amar muito, não vai conseguir amar os outros e muito menos amar a um cão ou a um gato.

Não podemos dar do que não temos. Nós damos do que temos, é simples assim. Se for homem, você terá de se amar e admirar mais do que admira a estrela mais bonita de cinema, você tem de se considerar mais do que o professor mais sábio que você conhece, se não for assim, estará a entrar num contrassenso de querer dar, o que não tem. É como dar uma esmola invisível a um pobre e ficar convencido que ele vai agradecer.

Você não irá dar absolutamente nada. Para admirar os outros, você tem de se admirar, primeiro, não importa o quão feio ou ridículo você pareça.

Se você se amar, todo seu corpo vai amar de volta e resplandecer. É o dilema dos humildes, como não se amam, porque são tão humildes, mais ninguém os ama. Depois sofrem porque não são amados, se eles não se amam, como os outros vão amar?

Você compraria um carro de alguém que detesta esse carro? Acharia bonita uma mulher que se considera um monstro? Toda beleza que você possa ter, você deu a si mesmo, com amor.

O seu corpo merece ser amado, acariciado, beijado e bem alimentado.

Antes se amar a mais do que se amar a menos, todo amor que crescer por si, crescerá também pelos outros, como uma árvore abundante de frutos que alimenta a tudo e todos.

Por vezes acontece uma pessoa amar tanto a sua esposa que ama mais a ela que a si próprio. Sabe o que acontece, de seguida? Ela vai ficando cada vez mais bela e de barriga cheia, ao ponto de já nem dar a mínima, e ele vai ficando cada vez mais feio e desleixado.

É algo inconsciente, se damos mais do que temos para comer, vamos passar fome e o outro vai deixar a comida na borda do prato. Até com os filhos isso tende a acontecer. O pai que não se ama, mas ama os filhos, mata-se a trabalhar como sapateiro para lhes dar tudo, eles acabam como advogados arrogantes e no final, desprezam os pais que tinham.

No oposto, também é errado, o pai que se ama mais a si mesmo que aos filhos, torna-se um advogado rico e presunçoso e os filhos perdem a autoestima toda e acabam sendo uns frustrados a vida toda. O amor é algo para se dar com o devido equilíbrio. Essa é a arte, aprender a amar, custe o que custar. Quem aprende a amar-se a si próprio, desenvolve autoestima, cuida-se, banha-se, fica mais bonito e é admirado pela mulher e pelos filhos.

A lei de Deus diz para amar ao próximo, como a ti mesmo. Não diz para amar mais, não diz para amar menos. Mas temos de começar por nós. Não é uma perspetiva egoísta, muito pelo contrário. De que adianta amar demasiado o marido, cair em desleixo e acabar sendo desprezada? Ninguém ama quem não se ama, isto é lógico e uma lei universal.

Aprender a amar-se obriga a uma serie de rituais de autoestima. O corpo pode precisar de algo, de dopamina, de chocolate e de bananas. Se você não souber felicitar seu corpo vai acabar por se tornar uma pessoa amargurada e ninguém gosta de pessoas amargas, pesadas com tendência para a autocomiseração, pena delas próprias.

Você constrói isso tudo, segure na primeira pedra, a pedra filosofal, ela vai orientá-la em todo seu processo de recuperação interna. Saibam que não estão sozinhos, queridos amigos.

O tempo todo estamos acompanhados. Acompanhados por alguém que nos admira e nos ama. Alguém que nos observa, como se estivessem a ver um filme. A vida é um filme, um filme passado num planeta terra, onde os atores estão cá dentro e lá fora, ao mesmo tempo.

A realidade é muito mais fantástica do que parece. O sentimento de solidão é uma ilusão. Nós precisamos demasiado de aceitação, de companhia constante, de aprovação. Saiba que, em cada momento em que se sente desesperada, triste por estar só, o seu "eu" interior acompanha-a, o tempo todo.

É como se estivéssemos a jogar computador. Um daqueles jogos onde o boneco somos nós, na verdade é um jogo muito avançado, nós estamos lá fora a orientar o boneco, mas o boneco não sabe que está inserido num jogo. Para ele, tudo é realidade.

Quando você parte uma perna, ou é atropelada, o seu "eu" interior está lá fora a assistir tudo.

Ele não pode entrar para lhe explicar nada, ele simplesmente observa as suas próprias atitudes, e tenta ajudá-la.

Já imaginou o que pensam os bonecos de computador? Eles não sabem que são bonecos, na realidade, eles não são bonecos, são seres vivos pré-condenados a aceitar um desafio.

Quem os colocou lá? Nós mesmos, por diversão. Na verdade, nós somos apenas uma pequenina parte de nós, menos de 20 por cento.

Somos a parte inconsciente que se sente consciente, por obrigação. Os heróis não são os guerreiros com grandes espadas que já entram no jogo com todas as facilidades.

Esses são os jogadores mais fracos, as crianças, aqueles que não têm capacidade alguma, então, simplesmente surgem como atores secundários, cujo objetivo não é fazer propriamente nada.

Ficam sentados à sombra da bananeira. Que herói é esse?
Ninguém aceita esse desafio, não realmente. Nós aceitamos os maiores desafios, quanto melhor o jogador, maior o nivel de dificuldade.

Essa é a realidade, queridos. Eu já estou a fazer batota. O futuro é uma realidade virtual avançada que já começou há mil anos atrás, da qual todos somos intervenientes.
Até a morte é uma fachada. Somos condicionados a agir como macacos desprovidos de conhecimento.

Os maiores heróis, escolhem as mortes mais absurdas, saem do jogo. Só sofre quem resolve emprenhar-se demasiado, cá embaixo. Quem resolve acreditar na realidade ridícula que aqui se passa. Mas voltemos à temática do amor, para não nos dispersarmos muito.

Após uma longa jornada perdidos à volta deste jogo, você descobre que, afinal, existe um soro mágico que está oculto numa pedra e que lhe vai dar superpoderes.

O poder do amor e da razão. O poder de saber qual o próximo caminho a seguir. Então, cada vez que se encontra com uma duvida, você segura nessa pedra e surgem as respostas.

Faz parte do jogo. As respostas é Deus que dá, através de códigos escondidos em manuais secretos que você é obrigada a ler, para continuar a jogar com sucesso.
Reparem que já estamos a trabalhar com duas realidades, dois mundos paralelos, você e o seu "eu" divino.

Ao lado dele estão todos os seus familiares e amigos que partiram. Eles vão direcionar você, a partir de agora, através da pedra filosofal.

Agora você ganhou poder sobre as plantas, sobre animais, sobre elementos da natureza.

Começou a aprender a modificar o seu corpo, que não é mais que um avatar. Um boneco. Numa realidade, o boneco fica desleixado, gordo, envelhecido. Mas agora você pode alterá-lo à vontade.

Basta querer, acreditar e começar a entrar no jogo. A diferença é que uns dedicam-se mais do que outros. Este jogo não é uma palhaçada, para entrar nele você teve de ir a sorteio, teve de conseguir entrar e aceitou todas as regras.

A não aceitação da realidade do jogo leva a penalizações. Logo, devemos jogar contentes, independentemente de tudo, das dores e dificuldades. Esse é o melhor jogador, aquele que aceita combater os dragões desarmado, que aceita lutar para conquistar as suas armas. Lá fora, esse é o mais amado, o admirado, o herói.

Quem se interessa por alguém cujo fundamento na vida é nenhum?

A realidade é muito mais maravilhosa que as pessoas imaginam. Vir à terra é um desafio, um desafio de dor e de prazer. Existem outros planos, outros planos onde não existe dor, existe plenitude constante.

Mas essa plenitude é isenta de sensações. É um mundo diferente, aliás, são muitos universos diferentes. Mas o plano mais cobiçado de todos é a esfera terrestre. É tão cobiçado que, lá no alto, as pessoas pagam para descer.

Não pagam em dinheiro, claro, mas elas escolhem a vida que vão ter. Elas escolhem se vão sofrer, se vão ter prazer, se vão amar muito, pouco. As vidas mais divertidas não são o que as pessoas entendem como diversão.

Não são a vida do jogador de futebol que ganha milhões. Isso é a ilusão aparente. O que as pessoas realmente procuram, lá no alto, é o desafio. Mais uma vez vou dar o exemplo dos jogos de computador, o exemplo dos filmes, também. Imagine que está a ver um filme onde o protagonista está à beira de uma piscina.

É muito rico, tem muitas mulheres e a vida dele é gastar dinheiro. Agora veja bem esse filme, o herói principal não sofre um tiro, não parte uma perna, não perde a sua amada, nada disso acontece. É simplesmente uma pessoa feliz!

Você estaria interessada nesse filme?

Não! Garanto que não teria o menor interesse, porque não tem paixão! O segredo da vida, da felicidade, está precisamente na dor, na paixão, no sentimento.

Eu tive um casamento falhado que foi uma grande paixão e terminou de uma forma terrível. Isso é viver! Ainda hoje penso naquela mulher que literalmente desgraçou a minha alma, isso é viver. Lembro-me das dores incríveis que sofri, quando era criança, isso é viver. Também me lembro dos prazeres mais intensos que um homem pode imaginar, envolvendo várias mulheres ao mesmo tempo num êxtase absoluto, isso é viver.

Lembro-me da dor excruciante de quando morreu o meu pai, do dia para a noite, o sentimento profundo e inexplicável de dor, de vazio, que acabou no fundo de uma garrafa de whisky, isso é viver.

Viver é obter o máximo de experiências possíveis, aguardar anos à espera do amor perfeito e depois, agarrá-lo e ser feliz como nunca.

É atravessar um enorme deserto para no final encontrar um oásis lindo e perfeito.

Cada dia na terra, é uma aventura. Nós já sabemos que vamos sofrer, não sabemos como, nem quando, não sabemos o dia e a hora da nossa partida, mas todos vamos partir, simplesmente iremos continuar a nossa jornada do outro lado, porque a morte é uma ilusão.

Todos nós somos tentáculos de Deus, nenhum de nós é melhor, nem pior, somos diferentes e essa diferença é o que nos dá originalidade.

Uma pessoa pode ser gordinha e ser maravilhosa, muitos vão amá-la exatamente como é. Pode ser velhinha e ser maravilhosa, muitos vão admirá-la exatamente como é.

Eu tinha uma avó que era um tufão de pessoa, pesava uns 200 kg, era rija como pedra dura como tudo, um Touro literalmente, como pessoa e signo. Tinha mau feitio, mas era maravilhosa, agarrada à vida, nos seus últimos anos, o corpo já estava podre literalmente, mas ela continuava um Touro, agarrada à vida.

Quando ela finalmente partiu, parecia impossível, pois ela não morria de maneira nenhuma, e continuava com aquele mau feitio...

Era uma pessoa maravilhosa, uma guerreira, isso é viver! Ninguém lhe fazia frente, muito menos eu, apesar de ter 1,83m de altura e ser bem entroncado, jamais faria frente à minha avó, isso é viver!

Com certeza, todas as pessoas, ou espíritos que a acompanhavam, divertiam-se à brava com a atitude dela, aqui na terra.

Pois saibam que estamos sempre acompanhados, não por um, mas por dezenas de pessoas desencarnadas.

A nossa vida é um filme que passa no espaço, nos planos mais elevados e maravilhosos, a maior diversão, para eles, é observar-nos, amar-nos e enviar mensagens constantes que aqui são recebidas através das três pirâmides sagradas do Egito, alinhadas com o cinturão de Oríon, as estrelas emissoras de toda inteligência celeste.

Comecei a escrever este livro ontem, vai na página 55, isso é magia estrelar, é a capacidade mediúnica de transmitir o que me é dito por Atom, o meu "eu" divino.

Platão defendia a teoria das sombras, dizia que a realidade está do outro lado, que nós vivíamos num mundo ilusório, a que chamava o mundo das sombras. Isto foi 400 anos antes de Cristo e Platão tinha razão.

Platão também defendia que havia duas realidades, uma realidade sensível e outra realidade inteligível, que era a objetividade. Ele também nisso tinha razão. A realidade não é o que as pessoas consideram de objetivo, não é o que se vê.

O que se vê é o lado ilusório, paredes de uma Matrix perfeita, criada pelas nossas próprias consciências.

A isso chamamos de Biocentrismo, algo descoberto recentemente por Robert Lanza, o que lhe valeu um BEST SELLER mundial.

Quando as pessoas resolvem acreditar numa determinada realidade, isso materializa-se e torna-se realidade. A multidão resolve acreditar que o Cristiano

Ronaldo é o melhor jogador do mundo e isso torna-se uma realidade. Todos os dias criamos e recriamos a nossa própria realidade.

Um homem rejeitado pela mulher convence-se que é feio, um falhado, a partir daí todas as pessoas ficam a acreditar que ele é um idiota falhado.

No dia que ele começa a namorar com uma supermodelo, a sua autoestima muda, ele convence-se que é o homem mais sexy do planeta, e todas as pessoas começam a julgar o mesmo.

Uma pessoa que acredita nela própria, consegue tudo. Não existe beleza, nem feiura, existe a manipulação constante da realidade. Você é o que acredita, você vai onde acredita e consegue o que acredita. Somos cocriadores do universo à nossa volta, acredite!

Quando falamos em acreditar, precisamos de entender que essa crença é fundamentada com a determinação.

Eu posso acreditar que vou ser o atleta olímpico mais famoso do planeta, mas para isso terei de me esforçar, bastante.

Construímos a nossa realidade sim, mas com empenho, com determinação. Então, quanto maior o nosso desejo e a nossa crença, mais tempo irá demorar para se concretizar.

O universo trabalha para nós, sim, mas não no segundo em que pensamos. Se assim fosse, bastaria pensar – quero funciona que aquela pessoa vá para o diabo que a carregue – e em um segundo, ela ia, mesmo.

Se você quer, por exemplo ter o corpo perfeito, e neste momento está com muita obesidade, você primeiro terá de acreditar, depois terá de se esforçar para que isso aconteça, finalmente o universo irá começar a trabalhar e, eventualmente, um ano ou dois depois, você terá o seu corpo perfeito.

Se você quiser materializar um girassol, isso demora relativamente pouco tempo, mas se projetar na sua mente uma plantação imensa de girassóis, então você vai ter de esperar. A crença funciona com perseverança, caso contrário surgirá a duvida e se isso acontecer, tudo irá cair por agua abaixo.

Você pode, realmente, conseguir tudo na vida, como Jesus proferiu, a fé move montanhas, mas não as move num segundo. Se for para mover um montinho de areia, aí sim, demora pouco tempo. Resumindo, você sempre vai receber o que semeia, de uma forma ou de outra.

As mensagens estrelares têm atravessado a terra, desde o Exórdio, iluminando as mais altas personalidades, desde o primeiro faraó do Egito, Menés, a criação da pirâmide de Gizé, 2500 anos antes de Cristo, onde foi encontrada recentemente a câmara secreta com o trono alienígena, debaixo do tumulo do faraó.

Depois veio Akenaton, um dos meus personagens preferidos, comunicava com Kryon todas as noites e interferiu na história da humanidade no ano 1350 a.C. ao acabar com todas as imagens politeístas que representavam centenas de Deuses.

Somente depois desse feito, Moisés veio à terra e concretizou o ato de receber as tábuas sagradas com os dez mandamentos de Deus, que não eram nada mais que uma mensagem cósmica emitida para a terra.

No ano 900, surgiu o Rei Salomão, mais um ser extraterrestre que nos visitou com as suas propriedades enriquecedoras e mensagens sagradas de prosperidade.

Entretanto, os Maias já haviam criado o primeiro calendário cósmico que datava do ano 3700 a.c., o que foi imprescindível para a posterior criação do nosso calendário atual de dias e meses e anos, criado por Júlio César, daí o nome – Calendário Juliano.

Tales de Mileto nasce na Grécia, no ano 600 a.c. e começa com as primeiras indagações cósmicas que envolviam teologias e cosmogonias.

Pouco depois, nasce Tao, o pai do Taoismo, cujo nome era Lao Zi, fundador da filosofia tradicional Chinesa.

Sidarta Gautama nasce no ano de 563 a.c., contemporâneo de Tao, e torna-se o Buda, após longa travessia pelo Nepal. Iluminado por Kryon, Buda cria o modo de vida Budista, mais tarde sendo adaptado para o Zen Japonês, que hoje todos conhecemos.

A mensagem de Buda foi "Somos o que pensamos. Tudo o que somos surge com nossos pensamentos. Com nossos pensamentos, fazemos o nosso mundo."

Isto é a base e a essência do biocentrismo estudado hoje, 2600 anos depois, pelos cientistas que estudam a mecânica quântica.

Não é estranho que, há milhares de anos atrás, Buda já houvesse enviado esta mensagem?

Porque ela já era emitida pelas três pirâmides do Egito, os mais iluminados, os médiuns, conseguiam ouvir a mensagem.

Pouco depois, Confúcio desce à terra para enfatizar a sabedoria de Buda, acrescentando o confucionismo.

A mensagem que Confúcio deixou foi "Para conhecermos os amigos é necessário passar pelo sucesso e pela desgraça. No sucesso, verificamos a quantidade e, na desgraça, a qualidade".
Ora isto vai de acordo com toda sabedoria estrelar, o sofrimento como base do discernimento!

A aprendizagem na terra, a aventura terrestre que não consiste apenas no prazer, mas também na dor. A dor é a fórmula mágica. Ela é, de certo modo, um tipo de prazer. Porque edifica. Você cresce, aprende, evolui e acabará por se tornar muito mais feliz!

Confúcio nasce no ano 551 a.C., na China, treze anos após o natal de Buda.

Cinquenta anos depois, no ano 500 a.c., Pitágoras vem à terra e traz mais uma mensagem estrelar.

Ele ensina à humanidade que todos nós temos um numero mágico, um numero que vai determinar toda a nossa vida. Ele ensina a fórmula para encontrarmos esse número, e nasce a numerologia. Com base na numerologia, o homem passa a conseguir dividir as suas subespécies, como almas.

Cada numero, de um a nove, determina que tipo de pessoa veio à terra, se é um artista, se é uma pessoa prática e objetiva, se nasceu para cientista, e muitas mais definições perfeitas.

O meu numero, por exemplo, é o 3, que designa a qualidade de escritor, artista, mensageiro. Podem fazer a vossa análise, bate tudo certo. Não vou ensinar aqui a numerologia completa, mas consiste na soma das datas de nascimento, dia, ano, mês.

Tudo isto é conhecimento metafísico, mensagem extraterrestre, não conseguem compreender isso? Nós somos números, fórmulas, exatamente como os dígitos dos programas de computador. Somos um matrix perfeito, um jogo, uma ilusão e vou comprovar isso em termos históricos e científicos.

Como em qualquer jogo, desafio ou objetivo há sempre uma série de dificuldades a ultrapassar.

Nada vem gratuitamente, os problemas começam desde cedo, seja na família, com discussões e divórcios entre os pais, seja com uma relação problemática com um pai ou mãe abusivo, controlador ou alcoólico, seja na escola, com problemas com professores.

Tudo é um desafio que faz parte deste jogo. Como em qualquer plataforma, para que se torne interessante. No caso daquelas raparigas que sempre foram protegidas pelos pais, amadas pela família toda, o desafio vem depois, e é ainda maior.

São as mais propensas a sofrer com a dura sociedade que as vai penalizar, são as que mais vão sofrer as desilusões amorosas por parte dos namorados, etc. Não há um lado perfeito de uma vida perfeita. Esse é exatamente o nosso desafio, superar!
Uns aguentam-se, sobrevivem, lutam e eventualmente ganham o prémio final. A admiração e o respeito alheio, a plenitude, por fim, a morte.

Pois já não têm mais desafios a suportar, ganharam o jogo. Lá em cima, é feita uma festa de exaltação a essa pessoa, que é mais do que uma pessoa, é um ser estrelar milenar.

Outros, os mais egocêntricos que se recusam a aprender com as mensagens do universo e com a história da humanidade, acabam por entrar em frustração, autocomiseração e finalmente, vão-se abaixo.

As depressões instalam-se, seguidas de ansiedade, depois vêm as dores, os vícios, as inevitáveis doenças que brotam da angústia profunda atingindo o perispírito e a carne, e, por fim, a morte por derrota. Não é fácil estar vivo, os desafios são imensos e nem todos aguentam a sua cruz.

A falta de amor, de carinho, de sexo e de admiração é uma das causas. A solidão, outra das causas. O fracasso financeiro que leva ao desespero de se perder tudo, na vida, outra das causas. Muitos se vão abaixo ainda antes de se irem abaixo, depois culpam as doenças, os tumores, os cancros que eles próprios desenvolveram por falta de amor e fé.

O objetivo deste livro é salvar umas quantas almas, no fundo é uma batota, a pessoa não é suposta saber que tudo isto é um jogo, um desafio a cumprir. A ideia é elas encontrarem forças mesmo sem saberem o porquê, olhando para dentro delas próprias, no "conhece-te a ti mesmo", como Sócrates ensinava, quatrocentos anos antes de Cristo.

A ideia da experiência terrena é encontrar os vencedores, os heróis, os Stephen Hawking que desabilitados das suas faculdades físicas, enfrentam a vida com o uso de um único musculo facial, criando milagres com a sua vontade. Fazem ideia do que é isso?

Já viram bem o tamanho daquele homem, a sua força e determinação imensurável? Não ter nada, literalmente nada e, ainda assim, superar, Impressionantemente!

Quando olhamos para os nossos heróis, olhamos para personalidades como Mahatma Gandhi, que enfrentou o exército Britânico sem uma única arma, lutando única e exclusivamente com amor.

Olhamos para pessoas que vieram de baixo, e conseguiram subir na vida até ao topo, sem passar por cima de ninguém.

Olhamos para o homem que perde a sua mulher, o seu emprego, a sua casa e não perde a sua fé, acabando por se tornar uma personalidade admirada no mundo inteiro.

Olhamos para as pessoas que não são bonitas fisicamente, mas tornam-se bonitas perante a humanidade, como foi o caso da Oprah, hoje uma das mulheres mais ricas do mundo.

No entanto, não olhamos para bilionários que tudo fizeram para escalar na vida, passando por cima de toda gente, nem para políticos corruptos que usam de seus argumentos a família e os filhos para darem a si mesmos a grandiosidade.

Olhamos para Luís Vaz de Camões, que nasceu de uma família mediana pobre, lutou a vida toda a comando da nação, divulgou o poder e a glória do amor e, no fim, morreu pobre, mas admirado por toda humanidade.

Compreendam, meus amigos, todas as dificuldades serão ultrapassadas, essa é a vossa missão, por isso são amados e admirados por todos os seres estrelares, que são a nossa família eterna.

Só vos é permitido saber algumas coisas, por entre muitos dos segredos da humanidade. Quanto menos souberem, mais real será a vossa experiência.

Mas há algo que tenho que contar. Vocês não vieram para sofrer. Vieram sim, para servir, não para serem servidos.

É importante compreender isso, para vossa própria evolução. Quanto ao sofrimento, não se aflijam.

A experiência do sofrimento é tão gratificante quanto a do prazer. Cientificamente, já está comprovado que quando uma pessoa sente dor, é ativa exatamente a mesma parte do cérebro que quanto sente um enorme prazer.

No plano terrestre, tudo é uma ilusão, tudo é aquilo em que resolvemos acreditar.
O maior sofrimento é sempre autoinfligido. Quando a pessoa se convence que está a ser uma vítima, torna-se uma vítima. Ela cria o seu próprio sofrimento. Isso vê-se nos ciúmes, vê-se nos temores, nos medos, nos sentimentos de posse e de individualismo.

A pessoa sofre porque o outro a traiu, dormindo com outra pessoa. Que mal ele fez, realmente?

Nenhum, somente se divertiu, fez amor. O amor é um ato livre, a nova era já percebeu isso e acabou com os casamentos. As pessoas querem ser felizes sem prisões. Sem ter de dar satisfações a ninguém. Hoje isso ainda gera alguma polémica, mas em breve, muito em breve, o sexo será algo absolutamente liberalizado. Uma pessoa pode amar, ser amada e não estar presa a ninguém.

Na realidade, ela vai amar muito mais dessa maneira. Toda humanidade está em enorme mudança.

O amor, cada vez mais, é uma manifestação de pureza, não de algo porco, pecado. O pecado está na cabeça das pessoas. Um homem divorciado sofre porque a sua mulher está com outro.

Mas só sofre, porque quer. Ao evoluir, o que ainda vai demorar um bom bocado, ele vai amar a mesma mulher sem se preocupar se ela faz ou deixa de fazer amor com outras pessoas.

Isto é o futuro, meus queridos. É inevitável, não há como o combater. Agora alguém irá perguntar – mas então o amor verdadeiro deixou de existir?

É claro que não! Mas amor verdadeiro não é posse! Posse nós sentimos por um carro, por um relógio, não podemos sentir posse por uma pessoa.

Ninguém é nosso, ninguém é vosso, somos todos uma irmandade que ainda se desconhece.

Amor verdadeiro é amar incondicionalmente. Não é amar uma pessoa, porque é linda.

É amar milhares de pessoas, porque são lindas. Não podemos impedir o avanço da humanidade. As uniões entre homem e mulher vão continuar a existir, de forma intensa.

Se quiserem estar apenas um com o outro, tudo bem. Se são felizes assim, tudo bem. Mas a nova energia pede por mais amor.

Mulheres juntam-se com outras mulheres, homens começam a amar outros homens e, eventualmente, a noção de sexo irá deixar de existir. Aquela união eterna continuará, no leito de morte irá estar, sim, a pessoa que você ama, mas não será uma, serão muitas.

O ser humano está hoje a abrir as portas para o amor mais puro. O sexo não é um pecado, não é algo de nojento, é amor. Não tem de haver sexo, propriamente, há muitas formas de amar.

Amamos por amizade, amamos por empatia, por admiração, por solidariedade e por sincronicidade. É possível amar uma pedra, uma planta, uma mulher, vinte mulheres e um patrão ao mesmo tempo. Isso é maravilhoso, é a libertação do amor humano, que esteve preso por tantos anos por condicionamentos religiosos e visões erradas de pecado.

Pecado é fazer o mal, não é fazer o bem. Dar prazer a outra pessoa, não é um pecado. Vender o corpo por dinheiro sim, é um pecado pois o corpo não é nosso para ser vendido. Se beijarmos alguém, tem de ser por amor.

Se oferecermos da nossa carne, tem de ser por amor. De outro modo, ficaremos contaminados e podemos apanhar graves doenças, tanto físicas como espirituais. Equilíbrio é viver rodeado de quem amamos.

Se amamos uma pessoa, que façamos amor com essa pessoa. Se a detestamos, ou sentimos repugna, então devemos afastar-nos pois não estaremos a criar nada de bom. Cada pessoa tem uma energia específica e determinadas pessoas podem ser um veneno para nós.

É tudo uma polarização enérgica, somos energia que se multiplica, ou se esvai, consoante somos amados, ou odiados.

Se o outro não combina com você, seja para que efeito for, respeite-o e afaste-se. Não somos todos energicamente iguais, apenas porque há diferentes degraus de evolução. Os que estão no seu degrau, serão os seus semelhantes.

O Selecionismo é a filosofia do século XXI, que vai alterar o modo de vida de toda humanidade.

Todos vamos aprender a conhecer a nossa verdadeira família, que são os nossos semelhantes.

Ao contrario de todo movimento sectarista que divide o mundo por crenças, religiões, política e clubes de futebol, que são as chagas da sociedade, todos os movimentos que separam as pessoas por classes, etnias, cores e escolhas, por vezes aleatórias, apenas porque uns usam camisolas amarelas, e outros, azuis ou de outra cor qualquer.

Apenas porque uns chamam Deus de Alá, e outros não invocam seu nome em vão. Em nome do bem mais sagrado, Deus, os homens cometem o maior pecado, que é não se amarem a eles próprios.

O selecionismo não define classes etárias, raças nem credos. Somos amados por quem nos ama, pelo nosso semelhante, tenha ele 10, 20 ou 90 anos.
Seja ele jogador do Benfica, Sporting ou Real Madrid. Seja ele um homem, uma mulher ou um transsexual. Seja ele pai, filho, vizinho ou estrangeiro.

Essa é a única ligação. Selecionismo versus exclusão. O nosso semelhante vai ser semelhante em tudo, se somos joias raras, será uma joia rara, se formos como areia, será abundante como os desertos do Saara.

Somos todos iguais, mas igualmente diferentes numa escada ascensional de valor infinito.

O semelhante é uma tartaruga que se encontra tão isolada como nós, tem a mesma carapaça, fragilidades e defeitos, qualidades e capacidades, ao nos rodearmos de semelhantes encontramos espelhos por todo lado que somente irão refletir beleza.

As guerras só existem por ignorância, as almas estão espalhadas de forma diversificada, tanto tenho um semelhante no Brasil, como outro na Suíça ou no México, não importa onde estão, eles são a minha família.

Não importa qual a crença de cada um, importa a alma, a similaridade, porque todos temos uma raiz animal, sensível e parcial que olha a realidade numa determinada cor e vibração, sendo ela compatível ou não com a nossa pessoa.

A igualdade dos homens é um estereótipo demagógico que serve para atrair grandes massas com falsas mensagens de prosperidade.

Dentro da mesma família, pode não existir um único semelhante, como podem ser todos uma irmandade perfeita.
Não se deixe contaminar por credos, cores, partidos, ideias e nações. Não há um país melhor, uma nação melhor, nem sequer um planeta melhor.

Estamos conflagrados pelo universo e a mensagem consiste no reencontro, que é o que devia significar a palavra religião. A magia disto tudo é que você não tem de se esforçar para agradar a ninguém, você é perfeito, como é.

Não tem de perder barriga, não tem de parar de comer e de beber, não tem de praticar mais desporto, você só tem de viver de acordo com a sua vontade e já será amado, como é. Pelos seus semelhantes, claro. Aristóteles dizia – "Aquele que diz ter muitos amigos, é porque não tem nenhum."

Certa vez perguntaram-me quem é Deus...
Imaginem um polvo gigante com 7 biliões de tentáculos, agarrado a uma bola. Um polvo de luz, energia pura.

Cada tentáculo é um espirito que cai sobre a bola, a bola é a terra.

Ao tocar nessa bola, cada tentáculo assume um lado material, carnal, que lhe atribui uma consciência individual.

Essa consciência diz ao individuo que ele está separado dos outros tentáculos. Ele não sabe que é uma pequena parte de Deus. Ele não sabe que os outros são o todo, são Deus.

Como não sabe disso, ele desconhece o seu poder divino. Desconhece que, também ele é um cocriador, que cada pensamento dele é projetado no espaço e materializado, porque pensamento é energia, é átomo e átomo tem a sua própria consciência individual.

O homem é um Deus-homem, por isso foi criado à imagem da potestade.

Ele não pode desejar mal a ninguém, não deve ter maus pensamentos, não deve ter medo.

O medo de algo irá materializar esse algo, é tão simples como isso.

Ele é tão poderoso quanto acredita que é, portanto, se ele não acreditar nele próprio, não consegue nada. Ao não conseguir nada, está a criar a realidade do falhanço.

Isto é ciência pura, um homem pode ser ateu à vontade, não prejudica ninguém com isso.

Geralmente o ateu só é ateu por não querer aceitar aquela imagem do Deus barbudo vestido de branco a ditar regras cá para baixo do bem, e do mal.

O ateu pode não acreditar que, por se fazer uma reza, sua vida irá mudar, e ele tem razão, porque as pessoas rezam a pedir algo, a pedir como se elas próprias não conseguissem criar esse algo. Isso não é fé, é falta de fé.

Há muitos ateus com mais fé que os católicos. A fé começa connosco, com a nossa capacidade divina interna.

Você é um Deus vivo, ainda que com poderes limitados, porque não é realmente Deus, mas um tentáculo de Deus.
Como os dedos que temos na mão. Eles conseguem tudo, mas nunca por livre e espontânea vontade.
Se um de nossos dedos soubesse que pertence a uma entidade superior, com duas mãos e uma inteligência infinita, esse dedo também seria todo poderoso, capaz de construir as obras mais belas, capaz de criar computadores e aeronaves.
Mas um dedo, é apenas um dedo, por isso não consegue nada sem estar associado ao todo, que somos nós.

Quando o homem tiver desvelado todos os segredos ocultos das suas capacidades divinas, será como Deus, nada lhe faltará, jamais.

Se fizermos uma reflexão sobre o estudado anteriormente, veremos que todos os fundamentos derivam do amor.

Veremos que tudo é energia, que nós vivemos inseridos num matrix interplanetário constituído por uma série de códigos internos.

Esses códigos estão no nosso DNA, um composto orgânico cujas moléculas contêm as instruções genéticas que coordenam o desenvolvimento e funcionamento de todos os seres vivos transmitindo características hereditárias através de segmentos que contêm a informação genética denominados genes.

É aqui se encontra a nossa essência, somos o que o nosso código genético diz que somos e isso faz de nós criações independentes codificadas, ou seja, bonecos.

Cada boneco funciona exatamente como os que vemos agora nos computadores mais avançados, eles simplesmente não sabem que são bonecos e vivem numa realidade paralela àquela que é a nossa verdadeira identidade, o nosso "eu" cósmico.

Nós não podemos morrer, o nosso boneco pode morrer.

Esse boneco não tem 10 por cento da nossa inteligência, é apenas um boneco. Um boneco muito bem feito, muito real, com sensações genuínas, com ideias, mas muito limitado. Até um dia perceber que é apenas um boneco, claro.

Nesse dia, ele entra em contato com o seu "eu" superior e torna-se um ser iluminado, como Buda, como Jesus Cristo, como Kryon. Sempre que os mestres vêm à terra é para trazer uma mensagem de luz, de sabedoria, de amor e de fé. O principal propósito é aliviar o sofrimento e edificar algo.

Muitas das pessoas que lerem este livro, vão gostar, mas não vão realmente entender o que foi dito. Como não entenderam a mensagem de Jesus de amar ao próximo como a ti mesmo, tornando-se fundamentalistas e criando religiões para servir acima de tudo, a si mesmos.

Como não entenderam as mensagens de Buda de desapego, de não se agarrarem ao ferro em brasa chamado ódio. Como não entenderam Max Planck ao comprovar que o pensamento interferia com o átomo, levando ao biocentrismo, o homem como criador do universo à sua volta.

Como não entenderam Einstein que explicou que não existia tempo, mas espaço-tempo onde tudo era relativo. Como não entenderam as mensagens de Kryon, que ainda hoje tenta elucidar a humanidade.

As pessoas simplesmente preferem continuar as suas vidas simples, todas as maravilhas parecem demasiado excêntricas para serem verdade.
É muito mais fácil seguir o rumo da manada, aturar o marido ignorante que elas

detestam, trabalhar o mês inteiro por um ordenado pequeno e, mais importante ainda, lamentarem-se.

Esta ultima, ninguém desperdiça, a autopiedade é intrínseca nos humanos. Não em todos, felizmente. Depois, a inveja daqueles que mostram a diferença é predominante.
 Mas há algumas pessoas que gostam do que leem, que estudam e analisam a fundo os assuntos, que agradecem e dão um novo rumo às suas vidas.

Nós vimos para vos aliviar, para tirar o peso dos vossos ombros, para mostrar que vocês não precisam de sofrer, que podem ser felizes, que não vão ser mais amados por causa do tamanho da barriga, nem da potência do vosso automóvel, que a felicidade está na compreensão das coisas, na partilha, no amar sem pedir nada em troca.

Vimos para vos mostrar que por maior que seja o deserto que percorrem, maior será o vosso oásis.

Que ouça quem tiver ouvidos para ouvir. Que veja quem tiver olhos para ver. Mais segredos serão, ainda hoje, revelados.

Nós, os seres de luz, viemos à terra com uma missão. Somos abençoados e amaldiçoados ao mesmo tempo.
Somos como ovelhas tresmalhadas que não são lobos nem pastores, ficam de fora.

As outras vivem despreocupadamente, levadas pelo rumo do rebanho comum, guiadas pelos pastores sociais e comidas pelos lobos predadores. Para uns, nós somos como aberrações, devíamos ser apedrejados pela diferença.

Para outros, somos contemplados, como se reis fossemos. Não somos, somos seres estrelares, só temos uma missão e essa missão é o amor. Somos os poetas da terra e a luz de Cristo.

Somos as crianças Índigo que cada vez veem em maior quantidade. Não são crianças como as outras, têm propriedades diferentes, não ficam felizes a correr atrás de uma bola.

Vemos o mundo com outras cores, viemos da luz e precisamos de luz. Somos Nietzsche, somos Camões, somos Osho e John Lennon. Uns são assassinados, apenas pela sua luz.

Não é uma tarefa fácil, muitos sofremos, como Sinead O´Connor, nossa irmã celeste. Podemos ter dez mil admiradores e sentir sozinhos, vivemos de um tipo de amor único, estrelar, difícil de explicar.

Nem todos somos iguais, uns ouvem a mensagem das estrelas, a mensagem do cinturão de Oríon recebida pelas três pirâmides do Egito. Ouvimos e transmitimos, é uma mensagem milenar, atravessa o tempo.

Alguns de vocês são como nós, e não sabem, isso pode levar a um desespero enorme, uma ansiedade profunda, inexplicável. Cada um de nós tem de se descobrir, abrir os seus Chakras internos, encontrar o seu "eu" e as suas capacidades.

Muitos conseguem curar com as mãos, com o simples toque de Deus, que é uma canalização. Outros emitem o som das estrelas, melodias que tocam todos os corpos, hinos perfeitos, mantras sagrados.

Tudo é energia e vocês são os nossos filhos que um dia, mais tarde, serão estrelas, como nós.

Cada um de vocês será um sol, acreditem. Luz é vida, é amor, é sabedoria. Não existe sabedoria sem amor, todo conhecimento provém do bem. O mal, no entanto, é necessário. Para que haja equilíbrio na terra.

A dor e o prazer trabalham em uniformidade. Quanto mais amamos, mais iremos sofrer por amor, mas mais iremos transcender, por amor. É o paradoxo da felicidade. A mãe que mais ama seu filho, mais sofre por ele e isso é lindo!

Somente na terra existem essas sensações. Este é o segredo das estrelas. A vida na terra são dois segundos, apenas, aproveitem esse tempo.

Sejam felizes com tudo, com o prazer e com a dor, com a companhia e em solidão, o maior amor está na vossa luz interior. Saibam o quanto vos amamos, é um amor eterno, eterno.

Estamos presos num universo, presos num planeta, numa casa e num corpo carnal. Um corpo preso a uma alma que sofre suas dores físicas e mentais, sentimentos e emoções.

Do qual não conseguimos fugir e por isso, sofremos. Porque acreditamos que somos esse corpo e essa alma emotiva, sensível. Mas nada disso é verdade.

Não somos esse corpo, nem essa alma. Somos um espaço pensante integral pertencente a Deus.

Esse espaço é imune a tudo. O universo inteiro não o consegue aprisionar, pertencemos a outro universo, um universo mental, inteligente onde tudo obedece a uma lógica perfeita.

E depois, se você foi atropelada, se perdeu o marido, o emprego... O que isso interfere com o seu espírito? Nada. É tudo uma ilusão corpórea e mental, emoções. Essas emoções têm a inteligência de uma mosca, elas simplesmente sofrem se não puderem voar. As dores ocupam o corpo, apenas o corpo e nós não somos o corpo. Os desejos e necessidades, também são parte do mesmo.

O espírito não é afetado, ele pode ser feliz. Libertem-se, essa é a chave. Ninguém pode afetar o espírito que é divino e eterno, inteligente.

Não existem dores espirituais, somente dores emocionais. O espírito é a unica essência, nela está o segredo da felicidade a essa, ninguém consegue tocar.

Usem a vossa chave, sejam finalmente livres. Conhece-te a ti mesmo, Sócrates, abnega-te, dizia Buda, integra-te, dizia Einstein.
Somente assim poderás encontrar a tua razão, isenta de distrações e de ilusões, usa a chave, liberta-te!

Perguntamos o que é a realidade. Cada um tem a sua própria conceção do real, Protágoras dizia que "o homem é a medida de todas as coisas." numa visão antropocêntrica da realidade.

Na visão teocêntrica, Deus é o centro do universo. Na perspetiva do homem comum a vida vai mudando consoante o observador, mediante paradigmas de uma realidade dura e injusta. Do ponto de vista magnânimo prolifera o sexo e abundancia, ninguém alveja morte nem doenças e a realidade é perfeita.

Conceções subjetivas irreais suportadas por diferentes perspetivas. No catolicismo há uma dicotomia para com a realidade do Islão. Diferenças contaminantes disputas de ignorância globalizada que eclode em guerra. Milhões sofrem a torrente da realidade que lhes é desconhecida, se todos soubessem que essa realidade não existe, tudo seria evitado.

Aquilo que concebemos realidade é uma ilusão mental, um filme projetado pelo olhar biométrico de cada um.

Se voltássemos no tempo trezentos anos e se mostrássemos uma pelicula, todos acreditariam naquela ficção. O ser humano é assim, acredita que existe algo externo, uma realidade.

Somente existe a perceção individual da casinha amarela para um, para outro é branca e para um outro nem existe nada. Tudo é uma ilusão dos sentidos de uma realidade estática que para existir teria de ser igual para todos, e não é.

Considerando esse fator, o julgamento acabava, acabava o medo, pois é uma outra realidade, acabava o ciúme, pois essa é a sua realidade, acabava o preconceito, cada um pode fazer o que quiser na sua própria existência, é tudo um filme, podemos viver em liberdade.

A melhor perspetiva é não ter perspetiva, é a compreensão da ilusão onde todos estamos, cada um na sua, isentos de sectarismo redundante, porque todos assistimos ao mesmo filme, em igualdade.

Todos diriam, o filme é o mesmo, nada é realidade. As atitudes ignorantes derivam precisamente da crença generalizada de uma realidade externa que nunca vai existir.

Filósofos e pensadores procuraram uma definição de realidade, nunca ninguém encontrou.

Descartes afirmou "penso, logo existo" e de facto o pensamento é algo real. Mas o bom pensamento orienta-nos para a razão, e a razão mostra-nos que a única realidade que existe é o nosso olho.

Um olho mental que difere de pessoa para pessoa, um olho que muda consoante o sentimento de cada um. Nada é, de facto, real.

Tudo é um sentimento mutante, tanto somos deuses, como pó da terra. Tanto somos vítimas, como agressores, felizes, infelizes, realidades individuais. Nada é, de fato, uma única realidade, tudo é edificação, somos o que criamos de dentro para fora, sempre.

"É preciso ser um realista para descobrir a realidade. É preciso ser um romântico para criá-la."

Fernando Pessoa

Espelhamos nos outros o nosso sentir, partindo do pressuposto que também sentem. Algo impossível de concluir, não deram os nossos passos, que nos definem, na empatia com as mesmas dores, resultado do aprendizado da vida.

Assim encontramos o semelhante, na contagem dos mesmos degraus e valores, por nós plantados e na terra enraizados, nas profundidades do ser. Brotando como rosas no deserto, onde nem sempre a água chega para suprir.

E do mesmo lago saem diferentes peixes, provenientes da mesma água, da reverberante criação. Se assim não fosse, seríamos um, não mil. Que é o único propósito, a unificação, passo a passo, mister alcançar a perfeição, que é o absoluto amor e criador.

Somente sentindo pela alma, essência do velcro carnal. Assim se fazem grandes os pequenos, e pequenos os grandes, porque já o são. Ninguém procura a razão já encontrada, ou sobe o mesmo degrau.
Entrando em sincronicidade com o universo, o todo. No contemplar de cada pássaro no ar, de cada rosa a brotar, da vida, da terra e do mar. Porque a nossa razão, nunca pode ser singular. Aquele que não o vê, incapaz será de amar.

"No momento em que uma criança nasce, a mãe também nasce. Ela nunca existiu antes. A mulher existia, mas a mãe, nunca. Uma mãe é algo absolutamente novo."

Osho

Desde a filosofia de Platão, já se escreve sobre como os números regem os fenômenos do universo. Acredita-se que cada elemento, cada objeto e cada fato imaterial possui uma vibração que pode ser expressada por números.

Inclusive, antes dos primeiros escritos, essa tradição era passada verbalmente dentro das sociedades que iam se desenvolvendo, até que as primeiras representações gráficas dos números se tornaram possíveis.

Khalil Gibran nasceu em Becharre, no Líbano, no dia 6 de janeiro de 1883. A numerologia dessa data, constituída pela soma dos números do seu nascimento, 6+1+18+83 vai dar origem ao número zero. De modo semelhante a um mapa astral, a numerologia permite que vejamos nosso lugar nos acontecimentos do universo e nos planejemos conforme o que as vibrações dos números programaram para nós, tirando o máximo possível de nosso potencial através do autoconhecimento.

O zero é um ponto neutro que simboliza a subtração entre dois números iguais, bem como a totalidade que absorve o que está à sua volta, sendo o resultado da multiplicação de qualquer número por ele. Simboliza o tudo e o nada, a origem e o fim.

É o vazio da ignorância e o vazio da mente evoluída, que atingiu um estado elevado de consciência. O reconhecimento do zero e de seu poder nos leva a aspirar a divindade e a plenitude da consciência, e o caminho para ela é engrandecedor.

Além disso, o zero traz a compreensão de que a origem de tudo, inclusive a nossa, é o nada. O dia em que Khalil Gibran nasceu, 6 de janeiro, atribui-lhe o signo de Capricórnio, o mesmo que Jesus Cristo. Significa que, naquele dia, a esfera mais próxima era Saturno, o que lhe confere a atração pelos lugares mais altos, uma introspeção profunda e uma tenacidade incrível para alcançar obstáculos, levando, por vezes, o mundo às suas costas.

Típico do Sagitário, Khalil Gibran teve uma infância difícil, filho de um fazendeiro pouco instruído que o surrava constantemente. A sua mãe, tentando dar-lhe uma vida melhor, após a prisão de seu pai, por fuga aos impostos, resolveu mudar-se para Nova Iorque.

Gibran ficou a morar com a sua mãe e os seus três irmãos, em Boston e decidiu dedicar-se à pintura e literatura, largando a escola. Em abril de 1902, uma das irmãs de Gibran, morreu vítima de tuberculose. Do mesmo modo, perdeu o irmão, um ano depois. Três meses depois, a mãe de Gibran morreu de cancro. Gibran e sua irmã, Mariana, continuam em Boston: ela sustentava ambos com a costura e ele escrevia, desenhava e pintava. Um ano depois, aos 21 anos, Gibran possuía quadros suficientes para realizar a sua primeira exposição.

Gibran ficou conhecido pelas suas pinturas, poesias e livros consideradas obras primas da literatura, em especial "O Profeta", entre outras como "Em Direção a Deus"; "Jesus, o Filho do Homem"; "O Mensageiro" e "Os Deuses da Terra", livros de caráter espiritual que deixam bem implícito a nossa origem estrelar, na terra.

Em sua relativamente curta e prolífica existência de apenas 48 anos, Khalil Gibran produziu obra literária artisticamente marcada pelo misticismo oriental. Sua obra, acentuadamente romântica e influenciada por fontes de aparente contraste como a Bíblia, Nietzsche e William Blake, acentuando temas como o amor, a amizade e a morte.

"Aprendi o silêncio com os faladores, a tolerância com os intolerantes, a bondade com os maldosos; e, por estranho que pareça, sou grato a esses professores."
Khalil Gibran

A realidade é muito mais fantástica do que o homem imagina. Tudo é um código, tudo são números e fragmentos numéricos, tal como Pitágoras afirmava. Somos uma equação binária quantificada inteligente.

Um dia o homem irá descobrir a origem deste universo, desde a primeira célula. Depois, ele vai descobrir que, biliões de anos luz antes da formação deste universo, já haviam outros universos e que toda dimensão absurda de biliões de galáxias com triliões de planetas habitados, não começou na terra, mas muito antes disso.

Antes de existir este universo, já existiam outros, muito superiores.

Somente nessa altura estaremos próximos da compreensão do multiverso, o sistema de mundos paralelos infinitos, registados no Akasha, o registo de todas as coisas. Quando você dá um passo, na rua, deixa uma pegada bidimensional. Essa pegada também é tridimensional e também é multidimensional e fica registada para sempre, como uma pelicula de um filme que ninguém pode acabar.

Esse filme é o nosso registo, o nosso registo cósmico inteligente e, um dia, todos teremos acesso a ele.

A inteligência é uma expansão constante de luz divina que é de tal modo incrível que obriga a um crescimento estrelar. Quanto mais conhecemos, mais maravilhados ficamos com a nossa exiguidade, pequenez.

E vamos continuando a crescer, a evoluir, a amar. O amor é o centro e a fonte de tudo, manifestando-se tanto na dor, como no prazer. O orgasmo perfeito consistente na multiplicação do amor mais puro, é apenas uma parte dessa luz cósmica, que transmite um prazer transcendental e eclode do amor.

Qual o motivo da existência, fica o pensamento, a dúvida, a pergunta constante, qual é o nosso propósito? Qual o motivo do sofrimento, doenças, desilusões, catástrofes, acreditamos em Deus - ou não - acreditamos numa lógica inerente a tudo.

Injustiças acontecem, aparentemente, dificuldades e provações económicas que tanto podem pesar, o sofrimento e a desilusão, a luta sem gratificação.

Sempre que não conseguimos alcançar uma meta, após alcançar o que seja para posteriormente perder todo cultivo de uma vida, acontece nos divórcios, falecimentos, a perda de um emprego de uma vida inteira quando a empresa que vai à falência.

Qual a justificativa perante tais acontecimentos, será que a pessoa merece esses percalços, está a pagar por algum tipo de crime, será karma?

Quando pessoa é conscienciosa, amável e dedicada, ainda assim vítima de alguma doença, sina incurável que a vai acompanhar a vida toda?

É fácil compreender a lógica das coisas, a causalidade de uma vida exemplar, proclamamos um sermão de boa conduta que tudo fica justificado.

Dizemos que conseguimos isso por mérito, por esforço, por fé..., mas se a vida não nos favorecer em algo e esse algo for eventualmente injusto, como o interpretamos?

Este tipo de sentimento perante as adversidades deletérias que vão surgindo, leva à autocomiseração. A desilusão toma conta do indivíduo. Se é uma mulher e foi injustamente enganada pelo marido, se foi trocada no casamento por uma outra menos dedicada, apenas porque era mais nova, nesse caso a mulher vai entrar em depressão. O mesmo acontece ao empresário que perde tudo após uma maré de azar que surge do nada, novas leis, novas normas, uma multa, muitas podem ser as causas.

Sempre que a pessoa sofre este tipo de perdas não justificadas e a desilusão surge, seja com amizades, seja no amor ou no trabalho, quando algo surge sem uma explicação.

A pessoa começa a questionar as razões inerentes à sua existência, a pergunta, qual o propósito da sua vida, pergunta que tantos consome, a tristeza vai-se enraizando na alma do desolado.

Não encontrando respostas no desequilíbrio abismal de posses e facilitismos, logicamente porque uns nascem com todas as regalias, ascendentes ricos e um apanágio gratificante proporcionando logo à partida um caminho promissor, enquanto que outros nascem num meio difícil, lutam para sobreviver e mesmo assim pouco conseguem conquistar.

Logicamente que para o privilegiado, tudo parece claro como água e para o desgraçado tudo parece uma nuvem densa, este começa agora a duvidar da existência Divina.

A dúvida instala-se até que a vida jorre algumas sementes promissoras que definem qual o propósito.

O problema começa precisamente aí. A dúvida, a pergunta. O carrapato precisa chupar o sangue à leoa, esse é o seu propósito.

Somente assim ele se tornará uma leoa. A leoa precisa correr atrás da zebra, precisa matar para viver. Esse é o seu propósito, somente assim a leoa irá ascender, somente assim chegará um dia à condição de zebra. A zebra precisa comer o pasto e fugir da leoa para sobreviver. Precisa de uma morte sangrenta, assim chegará a águia.

A águia voa livremente nos céus, contemplando as criações, após essa experiência e mais, chegará à condição humana.

Porque espírito é o princípio inteligente, essa é a definição.

Agora o humano. Este veio à terra com um propósito, tudo tem um propósito. Como é que o humano transcende para uma posição mais elevada?

Como poderia aprender, evoluir, ascendendo assim à escala divina, encostado à beira da piscina? Todo aprendizado nasce do sofrimento.

A vida é uma lição constante, ninguém cresce por fora sem antes crescer por dentro. A riqueza não é o propósito, mas a alma.

Aqueles que mais sofrem, mais aprendem. Aceitem que tudo tem um propósito e continuem vossa jornada eterna de braços erguidos.

O propósito está aqui mesmo, neste livro, sem sofrimento não haveria lição alguma. Qual aquele que, após atropelado duas ou três vezes, olha agora sem cautela ao atravessar a estrada?

Aquele que ainda se dá ao desplante de contestar as magnificências da vida, não sofreu certamente ainda, o suficiente. Somos formigas da criação divina, felizardos cuja causa é servir ao Deus criador das montanhas, das águas, de todos os seres. Contemplados com uma fabulosa inteligência, nascemos por entre humanos porque já ultrapassamos muitas esferas da vida e agora possuímos o conforto dos lençóis.

Não mais perseguidos pelo pesadelo das bestas, não somos devorados, podemos procriar com alguma nobreza e divulgar do que aprendemos, tornando-nos mestres e sábios.

Podemos amar e ser amados, nutrindo da perceção divina, compreensão que tudo é uma passagem e uma lição.

Temos um livro sagrado que tantos conheceram, que explica concretamente "procurai antes o reino dos céus e tudo mais vos será acrescentado".

Este é o propósito, Deus, o pai do pai, o mestre dos mestres, o absoluto. Uma vez constatando que nada disto à nossa volta existiria ao acaso, é digno de veneração, contemplação, felicidade. Sabendo que toda violência é abominação e que somente semeando o amor incondicional atingiremos a sabedoria estrelar.

Contemplando nossa fútil existência, egocêntrica de múltiplos prazeres, aceitando o propósito de servir, e não de ser servidos, acabam as lamúrias e lamentações.

Descobrindo que o propósito não é nosso, mas de Deus, podemos enfrentar tudo e todos e agradecer pelo benefício que é a vida. O nosso propósito é algo superior, potestade que rege o quantum estrelar.

"Não há nada de tão belo como aproximarmo-nos da Divindade e espalhar os seus raios pela raça humana."
Ludwig van Beethoven

Existe uma conexão de almas manifesta por similaridades tais, que se torna transparente a nossa essência, a alma.

Hodiernamente e com a camuflagem obrigatoriamente social, tudo é um dilema, ilusão forjada que sustenta falsos ideais de igualdade e conceitos absolutistas de invólucros externos, aprendemos a usar uma máscara de personalidade, assim desfilamos.

Conduzindo cada um à segurança máxima confortável composta por subterfúgios dentro de subterfúgios, ao ponto que essa nova "persona" sustém enraíza-se tal forma, que se esquece de si mesma, levada a acreditar que a sua alma não existe, mas as aparências e o invólucro social.

A criança interior morre numa metamorfose adulta. O adulto segue a sua jornada, seguro que esse indivíduo é uma realidade, que aquela criança desapareceu. Mas a criança nunca morre, a criança é a própria pessoa, é a alma que se esconde por entre almofadas noturnas, no espaço homizio de meditação.

Surge uma dupla identidade, a criança indefesa, de noite e resguardada, e o adulto frio objetivo, lutador que enfrenta a sociedade com a sua máscara de guerra. Problemática que vai tomando posse, incorporando no corpo e na cara, até que a própria pessoa já nem saiba quem é.

Difícil, agora, despir-se até mesmo dos mais próximos. Os pais não reconhecem mais os filhos, a máscara tomou conta deles, não vai sair mais. Quando uma pessoa é obrigada a viver resguardada de si mesma, escondendo em segredo a sua verdade, os seus desejos, medos e sentimentos, ao final de vinte, trinta anos, o seu parceiro não faz sequer ideia de quem tem está ao seu lado. Uma vez que, provavelmente, ambos usam concomitantemente as mesmas máscaras, que se tornam reais.

Existe uma fórmula mágica para o sucesso. O fermento que edifica o bolo perfeito, uma resposta, um propósito, algo que todos temos dentro de nós como Sócrates afirmava "conhece-te a ti mesmo", que não é, nada mais, nada menos, que a partícula de Deus.

Não existe uma verdade, mas muitas. Não existe uma realidade, mas imensas.

Na verdade, nada existe senão a ilusão da própria existência. Sem nos descobrirmos a nós, não temos acesso a mais nada, somos um fruto sem árvore, uma gota sem oceano.

A fórmula do sucesso está nessa mesma descoberta, quem somos. O escorpião nasce para picar, para matar. É o seu propósito, nada mais. O homem tem outro propósito, mas existem muitos homens e muitos propósitos. Aquele que se descobre, atinge o nirvana, tudo passa a fazer sentido. Não há como não ter sucesso, é inevitável. Seja a pintar paredes, seja a cantar, seja a escrever ou a ensinar. Se todos tivéssemos o mesmo propósito, certamente seriamos todos presidentes da república, todos modelos ou todos atores.

A ansiedade é uma força estrelar que nos acorda, uma magia que nos empurra para ouvir a nossa própria verdade.

Não importa o que os outros acham, não importa o que parece bem, o que parece mal. Importa a verdade interior de cada um ser ouvida pela vibração de Deus.

Essa sim, é senhora de todas as verdades. O lutador nasceu para lutar, se esse é o seu propósito, morrerá a lutar. Quando descobrimos quem somos, onde estamos, para onde vamos, seremos senhores do tempo na medida em que sabemos exatamente qual a razão do passado e qual será o futuro.

O homem determinado tem a força de muitos leões. Se Maomé não vai à montanha, a montanha vai a Maomé.

Do erro nascemos, crescemos, morremos, mas sempre no caminho da evolução, desde o carvão que nada vale até ao mais puro diamante.

Não somos mais do que células, mas seremos, um dia, mais do que Deuses a caminho da continuidade estrelar. Percorrendo trilhos e desertos de dor, alimentados por sentimentos de prazer, fomentados pela paixão que nos move por viver.

Assim, nada nos faltará, muitas formigas são esmagadas, sempre serão, até que não sejam mais formigas, mas guerreiras de um castelo cósmico que é a gloriosa humanidade, dona dos mais vastos céus e inderrubáveis castelos. Porque somos homens, criados à semelhança de Deus.

Um escritor é um artista, um criador. O criador tem de criar, é uma necessidade absoluta, se não o fizer, a sua cabeça explode!

A cantora que não canta, porque não a deixam cantar, desenvolve problemas de garganta, até cancro pode desenvolver.

O atleta tem de correr, o peixe tem de nadar, o poeta tem de romantizar, porque todos nós somos animais com um propósito divino, até mesmo o escorpião "tem" de picar, é a sua natureza.

Se não obedecermos àquilo para que fomos destinados, estaremos a ir contra o propósito, entramos em ansiedade.
Miguel Ângelo não pintou a Capela Sistina para ficar rico, fê-lo porque a ordem divina assim o determinou.

Quando o artista cria, cria de sua alma e com intervenção divina, pois somos a continuidade das nossas velhas almas.

Luís Vaz de Camões era um combatente, perdeu um olho numa batalha por causa de um amor frustrado, em África. Na verdade, frequentou muitas batalhas, matou muita gente, mas o que ele era, realmente, um poeta.

Por isso escreveu a epopeia portuguesa os Lusíadas, com 8816 versos decassilábicos.
Morreu na mais indigna pobreza, na altura, sem um trapo para se vestir, mas cumpriu com a sua missão.

Buda disse - "o propósito de um homem é descobrir o seu propósito". Nem todos compreendem a visão louca e exacerbada do artista.

Ele é bombardeado o tempo todo com paixão, com desejo, com a necessidade de emanar algo, a criação. Somente quem cria conhece a sensação de completude que se sente, ao criar.

Tal como uma mulher a ter um filho, as dores são muitas, mas o prazer inerente ao ato é indescritível.

Supostamente, somos todos iguais, não existem diferenças entre as pessoas e isto é demagogia pura.

Com a experiência vamos aprendendo a observar certas características que identificam claramente multiplicidade nas atitudes, diferenciando alguns tipos de personalidades, de outras específicas.

Observamos filhos, provenientes dos mesmos pais, com a mesma educação seguirem caminhos muito diferentes, levando a crer que a personalidade já nasce com o indivíduo e há coisas que nenhum pai consegue mudar. Será pelos astros, os signos, a posição dos planetas na altura no nascimento, ou quando fomos concebidos?

Um nasce na hora tal, a meio da noite de lua cheia, no ano do porco Chinês, as marés estavam revoltadas e pronto, nasce um revoltado!

O outro nasce pela manhã, no dia lindo de sol, o mar está calmo, nesse dia houve um jogo de futebol e as pessoas estavam eufóricas, além do mais ele é do signo Capricórnio, então vai ter uma vidinha confortável e apreciado por todos, mesmo porque é um sortudo.

Será que as coisas se processam assim? É possível...

Também podemos acreditar no arquétipo da ascensão espiritual, significando que através do processo evolutivo, cada um pode apresentar diferentes traços de personalidade animal, algo que tenha migrado subtilmente ao longo do processo reencarnatório.

Pode-se estabelecer uma comparação provável com alguns tipos de característica animal, não é difícil. Existem pessoas com a personalidade de leão, pessoas que aspiram ao poder, com apanágios predominantes que são o individualismo, a falta de sensibilidade e muita objetividade.

Elas demonstram força e frieza, conseguem proliferar na vida, dizem o que pensam, impondo a sua vontade com determinação. Os leões têm facilidade em fazer fortuna, são firmes e determinados. Outro tipo de pessoas podemos chamar de ratos, corroem tudo por onde passam, tendencialmente insatisfeitos e frustrados. Sobrevivem a situações humilhantes, reclamam quando têm muito, e quando têm pouco.

Nada os satisfaz, a reclamação é a característica do rato. Onde há um rato, há um milhão de ratos, são numerosos e revoltados, a voz do povo.
Outras pessoas demonstram a personalidade das cobras. Geralmente elegantes, não se denunciam facilmente,

são pessoas cuja inveja é predominante, seduzem pela beleza, e encontram presas com facilidade.

As cobras raramente sentem remorsos, vivem para elas e para elas somente.

Depois existem os pássaros. Os pássaros são um tipo de pessoa diferente, são pessoas instáveis, ambiciosas, corajosas e que necessitam muito de viajar. São pessoas inteligentes, mas altamente inseguras do que querem e podem ser companheiros divertidos, mas muito difíceis de tolerar.

A necessidade absurda por altos voos tanto representa sucesso como grandes quedas, sucessivamente.

A ambição e egocentrismo desmesurado é a suscetibilidade dos pássaros.

Algumas pessoas inserem-se na personalidade de lobos. Os lobos são impiedosos, ladrões sem princípios que dominam pela força, como algumas tribos rebeldes.

A ignorância e ausência de caráter é o fator determinante dos lobos. Roubam para comer, matam para enriquecer, cometem iniquidades e vivem em ambientes degradantes.

Os elefantes são pessoas sólidas, estruturadas, o tipo de pessoa que não abusa do poder que tem. São pensadores, justiceiros corajosos e protetores, capazes de chorar pelos seus semelhantes, são pessoas de muita nobreza de caráter, facilmente reconhecidos pelos outros, alcançando facilmente posições em locais superiores.

As gazelas são como os elefantes, mas de uma sensibilidade maior. Carecem de muito amor e proteção pois não têm capacidades bélicas, sendo facilmente enganados pelos outros. São seres de elevada pureza cuja fragilidade emocional pode levar à depressão.

São dotados de elevada intuição, tendem para atividades artísticas, criativas e altruístas. Uma gazela necessita de um leão ou de um elefante para a amparar, amar e admirar. Os escaravelhos são pessoas com uma impressionante capacidade para predominar nas excrescências.

São o exemplo da mulher que, independentemente da sua beleza, vai sempre escolher o homem errado. Aquela pessoa que faz sempre escolhas pouco inteligentes, casa uma vez com um parceiro violento, uma segunda vez com um outro mais violento ainda, e por aí adiante. Não importa o tamanho da sova que o escaravelho leve, será sempre uma vítima. O escaravelho nasce para andar a vida toda na porcaria, é atraído pelo pior emprego, o pior marido, o pior patrão. A inteligência e a intuição não são fatores predominantes nestas pessoas.

Os sapos são pessoas pouco escrupulosas, cuja missão na vida é a conquista e o poder.

São pessoas que alcançam elevadas posições sociais através de manipulação, mentira e corrupção.

Tendencialmente ocupam posições na política, e no exército. Caráter e moral não existem para os sapos, atropelam-se a eles próprios apesar das aglomerações. O único princípio do sapo, é o sapo. Acreditam convictamente aos seus ideais, sendo que os mesmos são egoístas e individualistas, ignoram as regras, a ética e a religião.

Os macacos são pessoas incautas com capacidades medianas que se julgam inteligentes. Fazem escolhas erradas e atribuem a culpa aos outros. Não aprendem com os erros e, como tal, estão condenados a penalizações constantes. A pouca inteligência que têm associada a um orgulho gigantesco leva-os a cair constantemente em desgraça.

São pessoas vítimas da justiça e do jogo, por isso, perdem tudo.

Não são necessariamente mefíticos, mas prejudicam-se a eles próprios pela falta de bom senso.

Os cisnes são pessoas que nasceram iluminadas, tendencialmente belas e carismáticas, logo alcançam o estatuto de celebridades.

São pessoas complexas e de elevado caráter e, tendencialmente, a atração magnética que exercem sobre os outros atribui-lhes um elevadíssimo poder.

O cisne pode ser muito rico, ou pobre, mas nunca passa despercebido.

Cada um de nossos atributos nos define como pessoas, o caráter diz muito sobre cada um de nós. Igualmente definidos pela nossa inveja, os nossos ódios e impulsos idiotas. Assim como pelas nossas capacidades, empatia, coragem e determinação.

Para evoluir devemos aceitar os nossos erros, refletir no que podemos mudar para um dia alcançar a admiração dos cisnes, leões e elefantes, cada qual com a sua personalidade animal, afinal de contas, não somos deuses, ainda.

CONDICIONAMENTOS

As pessoas no tempo da Grécia antiga sabiam mais delas próprias que agora. Conseguiam gerir o pensamento com mais lucidez.

Agora as pessoas sabem tudo sobre publicidade, internet e comunicação, adquirem quantidades absurdas de informação exterior e não aprendem nada, ficam baralhadas, confusas. Ninguém sabe mesmo nada de nada, todos alienados na paranoia social, condicionamentos constantes, embriagantes e mesmo, hipnotizantes.

Os condicionamentos são aquelas palavras e mensagens que nos formatam, são conceitos, ideais, propostas e medos.

Tudo aquilo que nos condiciona a seguir e a pensar, desde o anúncio da coca-cola aos perigos do tabaco, desde o conceito de magreza à obrigação de riqueza, desde ideais de responsabilidade e obrigações de trabalho, pouco somos de nós próprios, senão condicionamentos multiplicados por biliões de opiniões partilhadas nos órgãos sociais, amizades e colegas de trabalho.

Cada um recebe mais informação, partilha com os restantes e na multiplicação dos conceitos nasce uma multi formação pessoal. Tecnicamente, ninguém pensa, não é possível pensar. Sócrates foi o primeiro homem a pensar que tínhamos de parar para pensar.

Os outros, simplesmente viviam, como cães e gatos, mais nada. Nem há tempo para isso, os cérebros já tão lotados e cansados com a informação externa, simplesmente seguem ideias dos outros, que seguem outras ideias extravasadas, de uns outros.

As pessoas vivem de ideias e conceitos que não foram criados por elas. Elas nem se apercebem que no fundo, vivem sem pensamento. Isto não é difícil de compreender.

Se dermos uma certa quantidade de informação a uma pessoa, como um livro, essa pessoa começa a ler e a perceber. Mas, se colocarmos duzentos livros e mais uma narrativa de fundo, e multiplicarmos por uma rede social a encher o cérebro, tudo isto com bilhões de conexões e mais uns jogos pelo meio, garantidamente que a pessoa não vai conseguir ler um livro, não vai aprender absolutamente nada. Vai ser condicionada sim, vai ouvir informação, vai seguir essa informação recebida estritamente pelos seus padrões mentais sem nunca nada questionar.

Mas onde fica o pensamento? Seguindo a diretriz que uma pessoa está onde a sua alma se encontra, o seu pensamento está lá fora, na rua. O seu pensamento não está na pessoa, uma vez que a alma não está cá dentro. A pessoa já não é ela, é um padrão social.
É uma ideia de uma ideia que ninguém criou, mas a estrutura social, que é uma

consciência externa à do individuo. Não tem sequer a coerência de um robot, uma vez que esse é programado por alguém para fazer algo específico.

Se colocarmos quinhentas pessoas a programar um robot, cada uma com uma ideia diferente, cada uma com uma linguagem diferente, cada uma com uma vontade, sentimento e frustração diferente, o robot não conseguirá fazer nada, nem fritar batatas.

No século V antes de cristo, Grécia antiga, existiam rituais de pensamento. Pensadores pouco informados, relativamente aos dias de hoje, como Sócrates, Platão e Aristóteles, entre muitos mais, estabeleceram regras impressionantes para o pensamento.
Conseguiram estruturar cada linha de pensamento e focar a razão do existir, do ser, da pessoa e do caráter.

Como é que 2500 anos depois, as pessoas com tantos meios de informação se esquecem de pensar? Elas puri simplesmente, não conseguem. Não é possível meter água numa piscina cheia. E todos estão cheios, isso é nítido.

Faz-se impreterivelmente necessário começar a recondicionar, retirar toda a água suja empestada por falsos conceitos e ideais pré-concebidos para que as pessoas recomecem a pensar por elas próprias.

Ninguém perde a informação recebida, não será feita lobotomia alguma. Mas temos de começar a reestruturar tudo, do início. As pessoas vão ficar espantadas com as suas capacidades, vão começar a ver algo que nem sabiam existir, uma inteligência interna que é o seu EU divino, o outro lado do ser.

Vão começar a descobrir erros e mais erros nas suas atitudes e opções, vão começar, finalmente, a ratificar as próprias vidas, acalmando a ira do pensamento exaltado, desgovernado. Assassinos paranoicos irão perspetivar conscientemente as suas loucuras, outras pessoas em desespero e ansiedade irão finalmente abrandar, acordar.

Isto porque, no meio de tanto stress, nem todos aguentam a informação, as almas ficam perdidas no exterior do corpo e entram em pânico, paranoia.

Esse pânico dá origem a medo, insegurança e hipertensão, e ninguém se apercebe sequer do que está a acontecer, apenas dizem que o mundo está louco! E louco porque, afinal? É a relatividade, algo que Einstein descobriu a cem anos atrás, se acelerarmos alguma matéria a uma velocidade absurda essa matéria explode.

O mesmo se passa com os nossos cérebros, antes de explodirem, enlouquecem, depois não adianta lamentar.

Vamos acalmar, vamos recondicionar a mente e permitir que o nosso poder mental nos guie, o pensamento limpo, puro, poderoso como um computador novinho em folha, capaz de processar diversos programas sem aquecer.

Para isso devemos ser almas limpas, isentas de tudo que nos foi imposto desde o primeiro dia das nossas vidas. Sempre foram almas prisioneiras do condicionamento social, muitas sem darem conta. Que se abram as portas das almas e gradativamente todos possamos ver o que um dia parecia um sonho, a realização pessoal.

"Eu não me importo com o que os outros pensam sobre o que eu faço, mas eu me importo muito com o que eu penso sobre o que eu faço. Isso é caráter."
Theodore Roosevelt

Carne, paixão e pensamento, as três verdades do homem. A carne é a matéria e o alimento que a sustenta. A paixão é o amor, o sentimento de prazer e de dor, o que nos move. O pensamento é a soma da inteligência com a consciência.

Estes dois elementos, quando juntos ao sentimento, formam a alma. Por exemplo, uma minhoca tem sentimento, porque sente dor. Tem consciência porque sabe que existe, ou não se moveria.

Também tem carne, precisa de alimento. Mas desprovida de pensamento racional, inteligência, não pode conter a alma. A alma é a mistura da paixão com o pensamento inteligente. Por conseguinte, o homem pode se reduzir a apenas duas coisas, alma e carne.

A carne necessita de sustento, por isso contém fome, fome é desejo, vontade. O desejo junta-se à vontade, originando o amor, a força que move todas as outras forças. Sem a carne, não haveria a necessidade do amor, logo, a força que nos move está na carne.

A alma desprovida de carne não precisa de movimento, é apenas o espírito vivente, não precisa de desejo, é o pensamento inteligente. Podendo ou não estabelecer uma conexão com outras almas, independentemente da carne, do desejo e da paixão.

Esse é o amor verdadeiro, é o que sentimos por um filho, ou por uma pessoa mais velha que não desperte o desejo carnal, havendo, ainda assim, uma conexão mental.

Podemos amar alguém que admiramos muito e que já morreu, porque estamos na mesma linha de pensamento, as almas iguais unem-se de forma inteligente, desprovidas de corpo e de carne.

A união dessas almas forças dá origem ao princípio de Deus, a força criadora universal. Se unirmos umas quantas almas, pela lei inevitável da atração por semelhança, iriamos criar uma luz divina, um sol.

Com a inteligência e amor imensurável que ilumina um planeta, dando origem a todos os outros seres, essa é a base da evolução, ou seja, ascensão.

A união de todas as estrelas em todos os planos da inteligência, no equilíbrio perfeito é o absoluto, Deus, potestade que originou este texto através do processo de inspiração, algo para lá da nossa compreensão.

INSEGURANÇA

O ciúme é um insulto passivo, um atentado ao amor. A pessoa ciumenta ofende-se a ela e ao parceiro, concomitantemente. Se uma pessoa não confia no seu parceiro é porque ele, ou ela, não é de confiança.

Se assim for, não deve manter essa relação. Caso contrário, se ele for respeitador não merece essa desconfiança.

O ciúme é um insulto para o companheiro, o mesmo que dizer - você não merece confiança, não tem caráter. Ao mesmo tempo é um sinal de insegurança proveniente de um impulso de medo da rejeição.

A pessoa ciumenta revela-se então inferior ao outro, sem se aperceber. Basicamente, estamos a informar o outro que não estamos ao nível dele, que no fundo ele merece alguém melhor e isso leva-nos a fazer perguntas e iniciar um problema.

O ciúme é um desrespeito por nós, algo subconsciente, um impulso. Se tivermos confiança nas nossas qualidades, como amantes e com a consciência da nossa unicidade, demonstrações impulsivas de ciúme só podem levar à descredibilização.

O ciúme informa o outro da nossa inferioridade perante ele. Um pouco de ciúme calculado pode até ser algo interessante, apenas para apimentar uma relação, como enaltecimento do companheiro.

O ciúme funciona com críticas, pequenas ilações impulsivas demonstrativas de insegurança, como um tipo de controle sobre o outro, uma obsessão de posse que rapidamente se torna perturbante.

O medo da traição é um trampolim que pode levar à traição. Se a conduta usual do outro é desrespeitosa, fale com ele e leve-o à razão pelo uso de simples lógica.

Se existe realmente um compromisso exclusivo, como o casamento ou uma união oficial, um namoro firme por exemplo, deve haver algum respeito nas atitudes.

O respeito não obriga a controle por parte de ninguém, respeito é liberdade. Devemos respeitar o máximo da liberdade do nosso companheiro, permitindo que esteja connosco por opção, não por obrigação.

Obviamente, não vamos escolher uma companhia para a vida que seja de antemão promíscua e incauta, isso já é uma escolha pessoal nossa.
Se optamos por alguém assim, alguém que não tenha capacidade de ponderação e se entregue a qualquer desejo súbito de impulso sexual, nesse caso há que evitar o ciúme.
Partindo do princípio que tanto nós, como a nossa companheira somos pessoas

sensatas, que salvaguardam o relacionamento, qualquer ciúme nunca será menos que pernicioso.

É importante para o ciumento que saiba as consequências deletérias dos seus impulsos. A companheira não só ficará ofendida como se também sentirá constrangida, isso só pode prejudicar a relação. O ciúme é um ato reflexo, impulsivo e recorrente que bem analisado pode ser neutralizado, ratificando perguntas desnecessárias e observações irritantes que de nada servem senão para gerar discórdia no casal.

Devemos tratar o amor com amor e consideração constante, as respostas passivas e palavras explosivas dão maus resultados. Se uma pessoa não tiver qualquer problema físico e for amada, se o parceiro já mereceu a sua confiança ao ponto de ficarem realmente juntos, de corpo e alma, não deve contaminar essa união com hipóteses hipotéticas de traição.

Devemos sempre caminhar no aprofundar da nossa índole, somente assim, escorreitamente, teremos maturidade suficiente para sentirmos plenitude conjugal.

"Despreza-se um homem que tem ciúmes da mulher, porque isso é testemunho de que ele não ama como deve ser, e de que tem má opinião de si próprio ou dela."

René Descartes

Através do entendimento e estudo de livros como "A Cura pelo Pensamento", - de Luiz António Gasparetto - encontramos uma razão para muitos dos males. Não existem doenças, existem pessoas doentes. O nosso pensamento é a origem de tudo, cada sentimento provém de uma imagem mental, que se integra suavemente na nossa personalidade, originando energia negra, e branca, matéria e antimatéria. Assim Jesus matou uma figueira, proferindo as palavras - não mais darás figos. Depois, nas cartas de Cristo, explicou a mecânica quântica do pensamento, alertando para o poder das palavras, para o que dizemos e sentimos.

Se uma pessoa for possessiva, tentar controlar tudo, querer exercer a sua vontade perante a potestade do universo, ela desenvolverá asma, o ar lhe será retirado. A cura para isso, está em libertar os seus sentimentos reprimidos, aceitar as coisas como elas são, sentir-se livre e dona da própria vida, não da vida dos outros.

Se a pessoa tiver medo da vida, irá desenvolver apendicite, terá de relaxar e deixar as sensações fluírem, é a cura para a sua doença. Se tiver falta de interesse pela vida, então aí ela vai ganhar anemia, terá de se interessar mais pelo mundo, com alegria, e está curada. Se se sentir insegura, com medo do mundo, ganhará alergias recorrentes. Os sentimentos de futilidade e autorrejeição levam ao alcoolismo, a cura está em aceitar o passado e começar a se autovalorizar.

Os acidentes provêm da rebelião, da violência e da raiva, há que começar a aceitar as intempéries da vida. A amargura e o ressentimento dão origem a artrites. Problemas aos ossos, o interior da pessoa.

A ansiedade leva a problemas na bexiga, tente despreocupar-se, aceitar o passado, e viver para o futuro. As ideias fixas de uma mente fechada, desenvolvem problemas na boca. O ambiente familiar instável provoca bronquites, entre em paz com a família.

As pessoas oprimidas, desenvolvem cãibras, dores enormes. Há que relaxar e deixar a vida fluir...

Por alguma razão Jesus deixou a mensagem da despreocupação, não te preocupes com o dia de amanhã, já basta a cada dia, o seu mal.

A retenção longa dos sentimentos, angústia profunda, provoca o cancro, isso é muito mau, mesmo, deixe que o passado se vá, aceite o futuro alegremente. Somos o que criamos em nós próprios, inclusive as doenças e a cura, temos muitos erros e imperfeições, mas há uma forma de corrigir isso tudo. Aceitando o universo, como ele é.

"Há um tempo em que é preciso abandonar as roupas usadas, que já tem a forma do nosso corpo, e esquecer os nossos caminhos, que nos levam sempre aos mesmos lugares. É o tempo da travessia: e, se não ousarmos fazê-la, teremos ficado, para sempre, à margem de nós mesmos."

Fernando Teixeira de Andrade

O CASTELO

A realidade é a ilusão da própria realidade. Imagine que descobria que tinha um castelo, um castelo que desconhecia. Nesse castelo, você era o rei. Você não sabia que tinha um castelo, você tem.

Tem um castelo, um conselheiro real, que é o seu servente a tempo inteiro e ainda tem uma equipe de engenheiros e artesãos a trabalhar para si.

Abaixo desses engenheiros e dos outros membros da burguesia que são todos seus súbditos, ainda existem os membros do povo, os trabalhadores que servem toda hierarquia desse castelo mágico do qual você é, de fato, o rei.

Mas você não sabia da existência desse castelo, ou melhor, sabia, mas desconhecia a sua real importância. O castelo, é o seu corpo. O seu súbdito principal, que trabalha o tempo todo, é o seu subconsciente ativo e lidera todos os empregados. Os engenheiros e artesãos, são os seus órgãos internos, o coração, o fígado, os pulmões.

Os membros do povo, trabalhadores incessantes são as suas células. Se uma delas se revoltar, não há problema, o seu concelheiro-mor corta-lhe a cabeça e a vida no castelo continua. O problema está que, se o rei não souber conversar com o conselheiro, não pode dirigir as suas funções como quer, logo, o conselheiro vai tomar todas as iniciativas.

O castelo é o seu corpo, as paredes são a sua pele, o telhado é a sua cabeça, tudo está ao seu dispor. Se você quiser, pode mandar executar aqueles que se revoltam contra o seu sistema, as células cancerígenas.

Se você falar com o seu conselheiro, pode manipular as regras do castelo como bem entender. Pode mandar restaurar as paredes externas do castelo, que já estão um pouco calcinadas e gastas. Pode mandar despertar os engenheiros mais preguiçosos, coração, rins, aqueles que não estiverem a cumprir com as suas funções.

Ainda pode aceder à biblioteca do castelo, ela contém toda informação de toda sua vida, e de suas vidas passadas. É muita matéria a descobrir, que estava homizia, oculta, porque você nunca abriu as portas do seu castelo.

Você era um rei em coma, agora acordou. Agora você pode reinar à sua real vontade, afinal, é tudo seu. Desperte para o seu próprio reinado, fale com o seu subconsciente e ame o seu povo, porque faz parte de si.

Como todas as pessoas fazem parte do grande castelo de Deus, senhor e dono de todos os castelos que vivem pela eternidade.

Transcendência

É a capacidade de sentir-se único e, ao mesmo tempo, parte de algo maior... sentir-se dentro do universo e tê-lo dentro de si.

Nós somos muito mais do que o uno. O nosso tamanho físico não é proporcional a verdadeira existência.

Não somos o Deus-todo, mas à medida que vamos ascendendo com a evolução e pensamento, as fronteiras da alma tornam-se tangíveis, ultrapassadas. Um dia um homem olhou para a lua e sonhou, sonhou que seria possível, talvez alcançar.

Poucos são aqueles que decidem voar, que decidem acreditar no impossível. De fato, os nossos poderes são ilimitados, na medida em que fomos concebidos com a partícula de Deus, sem qualquer limitação.

Tudo começa na vontade, na alma. A alma somos nós. É aquela coisinha cá dentro que nos faz sentir. Que nos permite sorrir, e sonhar, o substrato das nossas emoções periféricas, estrelares.

Quando olhamos para determinado objeto, com foco, a nossa alma salta para ali. Quando sentimos um morango na boca, a alma passa pelo morango. Em suma, a alma está, onde o nosso pensamento se encontra. Podemos estar dentro, podemos estar fora, podemos estar em todos os lados ao mesmo tempo.

O conhecimento da alma é a chave para a liberdade.

Podemos sair um pouco numa breve viagem pelas montanhas nevadas, descer aos oceanos, atravessar florestas e vales, subir às estrelas...

Também podemos ficar focados em problemas, visando mortes e desgraças, nesse caso a alma também morre, parcialmente.

Se preferirmos, é possível transcender, abranger todo universo, desde a terra até as galáxias mais distantes, muito para lá do nosso sol. Nós somos, o que sentimos, podemos sentir a potestade de Deus em seu real esplendor. Podemos ser o cântico das aves, o sorriso das crianças, o germinar das flores do campo.

A nossa realidade é a única realidade, um voo permanente. É necessário aprender a comunhão, a ligação com todas as coisas. Como cada gesto, por mais pequeno que seja será sempre recebido, interpretado.

Como tanto podemos fazer de gratificante, de magnânimo que realmente importa, importa a palavra do porteiro, o sorriso da lavadeira, o abraço do pai. E ninguém fica de fora, ninguém é cão.

Existe sempre magia, seja no alto, no baixo, no rico e pobre.

Enquanto houver alma, enquanto houver paixão, esse é o nosso valor, a capacidade para sentir a emoção que a todos faz poetas.

Comunhão de almas

Você provavelmente pode sentir-se sozinho. Pode sentir que não tem ninguém por perto, pode sentir-se diferente, mal-amado. Isso pode acontecer. Mas você, neste momento, não está sozinho. Somos a comunhão das almas que prosseguem pelo mesmo caminho. Neste momento, ambos somos a mesma pessoa. Eu sou o leitor e o escritor ao mesmo tempo, porque a nossa alma está em reflexão. O tempo não existe, eu posso já estar morto, que estou com você. Estou com todos aqueles que me ouvem e sentem, que me amam. Eu sou as palavras de Atom, sou o amor estrelar da humanidade que me ouve e sente, por entre milhões que comigo se encontram. Na verdade, somos uma irmandade, uma irmandade estrelar que nunca se afasta. Somos a companhia eterna e perfeita que une os tentáculos de Deus aos seus semelhantes. Já todos nascemos, já todos morremos, mas hoje, aqui e agora, estamos juntos. Existe uma cumplicidade que se sente, sinta-a. Este livro não é qualquer pessoa que vai ler, tem de existir um grau de similaridade, uma empatia, a capacidade de compreender e amar. Existe um espaço secreto e oculto que é só nosso, o nosso espaço. Por isso eu digo e afirmo, estamos juntos enquanto o verbo nos unir. O verbo é a palavra, é Deus. Esta é a nossa família, "o meu pai, a minha mãe e os meus irmãos, são aqueles que acreditam em mim" – Jesus Cristo.

Eu acredito em você, porque estamos juntos em sincronicidade. Eu sou Atom, o seu amigo estrelar. Vim para deixar a minha mensagem, vim para conversar, para dar e para receber, esta é a nossa comunhão. Sente-se, é imortal. Sempre que precisar, estarei aqui, basta querer.

Não existem condicionantes para o amor incondicional, para quem ama sem nada pedir em troca. A conexão já é uma recompensa, a conexão dos seres de luz, os semelhantes. Como você.

Amor solar

Imagine que havia alguém que conhecia todos os segredos do universo. Alguém que já existia desde o exórdio, ainda antes da criação do cosmos. Alguém para quem não haviam dúvidas, mas certezas. Alguém cujo único propósito, seria o amor. Isso poderia ser interessante...

Mas provavelmente você não iria amar essa pessoa. Talvez admirar, talvez indagar, talvez duvidar. As maravilhas do universo são tantas, que quase ninguém acredita nelas. A magia do amor é tanta, que muito poucos a conseguem sentir, acreditar.

Porque é possível amar sem reciprocidade, queridos. É possível amar com a pureza cristalina da luz estrelar, e isso é indescritível.

Amar é um sentimento melhor, do que ser amado. É o ouro mais puro, porque não leva níquel, não é moldável, não tem preço. É a capacidade de expandir o amor, expandir essa luz interna divina e deixá-la difundir-se por tudo e todos, como micropartículas de uma luz cósmica interior.

Existe uma lei universal, tudo que sobe, desce, tudo que sai, entra. Se sair ódio, entra ódio.

Você pode ser amado por todas as estrelas, por todos os seres, independentemente da exiguidade do amor humano, que sempre obedece a um sistema de pagamento e retorno. Desnobrecendo a verdadeira magia do amor, que é incondicional.

A luz solar vem, para todos, irradia essa energia divina, quente, pura que provém de uma fonte isenta de retorno e reflexo. O sol simplesmente dá, irradiando eternamente a vida e o amor.

Será que você consegue compreender que o sol está vivo? Que é um ser vivo, um Deus? O sol é um dos microdeuses da escala celeste, não é a potestade, não é o absoluto, mas é um dos arcanjos da terra, um semideus na escala ascensional do cosmos. O sol é uma minhoca, é um animal, é um ser humano que evoluiu por biliões de anos. Evoluiu ao ponto estrelar, ele já não pede nada, ele não exige, ele é amor vivo!

Cada partícula solar é um quantum consciente, uma entidade solar que parte do seu centro viajando a 300 mil km por segundo, atravessando 2400 000 km para ir ao encontro de um só corpo, você.

Ao chegar a você, ele abraça-o, dá-se por completo e cumpre o seu propósito, isso é o amor solar. Algo que a humanidade está muito longe de entender, porque são pobres, muito pobres.

Tão pobres que preferem receber, a dar. Olhando para dentro deles próprios, fazendo e criando um mundo egocêntrico, triste. Porque não amam, mas querem ser amados. Essa é a realidade do humano infeliz. Todos os outros são felizes, porque amam, sem nada pedir em troca.

Isto é uma mensagem de Atom, ouça quem tiver ouvidos, entenda quem tiver entendimento. Viemos para dar, não para receber. Todos vocês já recebem, já recebem...

Krishna

Krishna é um nome de Deus que significa "o todo atraente", a Verdade absoluta. A semelhança semântica com a palavra "Cristo" é evidente.

A palavra 'krish' é a existência divina, e na significa prazer espiritual. Quando a 'krish' é adicionado 'na', ele se torna 'Krishna', que indica a Suprema Verdade Absoluta.

De acordo com o Bhagavata Purana, uma das principais obras da literatura indiana que significa, no sânscrito, "o livro de Deus", Krishna nasceu no dia 18 de julho de 3228 a.C., por meio da transmissão mental ióguica no ventre de Devaki, a mãe de Krishna.

Krishna era o Cristo que veio, antes de Cristo, na India. Já existia uma Bíblia, antes de existir a nossa Bíblia, era a história Hindu de Cristo, Krishna.

As histórias de Krishna aparecem em várias tradições filosóficas e teológicas hindus que o retratam de vários modos: um deuscriança, um brincalhão, um modelo de amante, um herói divino e o Ser Supremo.

Casou-se com Rukmini, filha do rei Bishmaka de Vidarbha, também teve 150 mil esposas, incluindo Satyabhama e Jambavati.

Não havia monogamia, porque Krishna era o amor vivo, incondicional e perfeito.

Um dia Krishna foi para a floresta e sentou-se debaixo de uma árvore, em meditação. Um caçador confundiu o pé parcialmente visível de Krishna com um veado, e atirou uma flecha ferindo-o mortalmente.

De acordo com os eruditos, o corpo de Krishna era completamente espiritual, não sujeito à morte e à deterioração. Mesmo assim, na execução de seu plano terreno, ele nasceu e morreu, como uma pessoa comum.

Ao ver que tinha ferido Krishna, o caçador ficou muito perturbado e pediu perdão.

Krishna, então, respondeu-lhe: "Você era Vali em sua vida anterior, eu era Rama, e o matei.

Você queria se vingar e neste meu surgimento, cumpro o seu desejo; tudo isso fazia parte do meu plano".

Dizendo isso, Krishna partiu para Vénus, sua morada celestial na 6ª dimensão estrelar, o recanto divino.

Os Mistérios do Tibete

Filosofia tibetana – Helena Blavatsky

Helena Blavatsky nasceu em 1831 e morreu em 91, durante a sua jornada visitou o Tibete e aprendeu os mistérios que, mais tarde, revelou no seu livro magnifico – A Voz do Silêncio. Porque estou a mencionar isto? Porque sou Atom, e isto é uma canalização, uma mensagem a revelar.

Todas as mensagens vêm de cima, do alto. O alto e o dentro é o mesmo lugar. Na verdade, eu estou dentro, dentro da célula, dentro do átomo, dentro de você.

Para compreender as mensagens, temos de entender os mensageiros. Eles foram sacrificados, deram o corpo para esta intervenção. Se não houver um sacrifício, vontade, empenho, a mensagem não é canalizada.

Assim o fez Helena Blavatsky, quando viajou até ao Tibete, zona terrivelmente inóspita e muito difícil de suportar.

Lá se encontravam os mestres, lá estava a mensagem. Agora está aqui, para todos os que a procuram.

Existe sempre um processo de sacrifício inicial, para se chegar ao topo. Nem todos o conseguem alcançar.

Poucos o fazem, não é tarefa fácil. Vocês, humanos, procuram sempre o prazer. Mas no prazer não estão as respostas, não está nada, apenas prazer.

O verdadeiro prazer está no saber, está na ascensão, na iluminação que a todos serve de consolo.

Porque vocês não são um, são o todo.

E o todo é cada um de vocês.

Ninguém veio para sofrer, mas vieram para aprender, esse é o propósito. Para aprender, crescer, ensinar e guiar. Todos vocês são mestres e guias, ao mesmo tempo. Embora poucos o aceitem. Os que o fazem, são altamente gratificados, garanto. Porque agem por amor, nada mais.

Se um macaco quisesse ascender a humano, teria de largar as bananas. Não seria tarefa fácil, ele adora bananas.

Por isso é um macaco, não um homem.

Este escritor passou por muito, para chegar aqui. Vocês não conseguem imaginar. Mas superou, está feito.

Não importa o sofrimento, o tempo, a espera, importam os resultados e são excelentes, garanto.

Neste momento, eu não sou uma pessoa, eu sou o quantum de todas as pessoas. É um amor inexplicável que nos une. Inexplicável.

A nossa essência supera todas as singularidades. É a essência de Deus, é amor puro, é luz. Sintam-no.

Larguem o ego, sintam a comunhão com o todo, é magnífico, perfeito.

O que você precisa? O que gostaria realmente de receber? Em termos de bens materiais, riquezas. Você já escolheu o que quer?

Se fosse possível realizar os seus maiores três desejos? Se eu lhe dissesse para escolher, agora! Dentro de todas as possibilidades, menos o amor dos outros. Porque isso eu não podia oferecer. Isso você teria de conquistar. Mas como um ser de elevadas possibilidades, eu concederia três desejos.

Contanto que você soubesse exatamente o que queria receber.

Sem dúvidas. Sem hesitação. Agora pense... Com calma. E escolha.

Pode ser uma casa grande, com piscina, um bom carro, um ecrã de alta definição.

Tudo que você quiser.

Escolha cautelosamente. A unica regra é que não pode hesitar, não pode mudar de ideias e só tem de agradecer desde já, porque vai receber, acredite.

Vai receber porque o universo vai dar, enquanto você assim acreditar.

Já começou a ser feito. Pense, pense muito bem e peça, desde já.

Peça como se estivesse a falar com o ser mais generoso do mundo.

Será dado, não importa o que pedir. Não é fácil escolher, eu sei. É sempre algo complicado.

Se fosse fácil, as pessoas já tinham escolhido. Mas elas sempre mudam de ideias, duvidam...

Aguardam que o universo escolha por elas. Que Deus dê aquilo que elas não sabem nem o que é.

Deus não escolhe. O livre arbítrio não o permite. Mas eu vou ajudar você a receber o que você quer. A receber tudo de mão beijada.

Essa é a magia do Deus-homem. Criador de todos os desejos materializáveis. Menos o amor dos outros. Isso só os outros podem dar, não eu. Agora pense...

Demore o tempo que for preciso. Pense e escolha, porque você será atendido. Enquanto acreditar.

"Amar é não ter asas e voar."

O que distingue o homem de um animal é a capacidade de conhecer algo de sagrado.
Deus está fora e dentro, ao mesmo tempo.
Chegando a um ponto onde já não existe o dentro e o fora, mas o todo.
Esse é o primeiro estágio do iniciado.
O Tibete recebeu forte influencia da Índia. Na Índia nasceu Krishna, nasceu Sidarta Gautama, o Buda.
Durante muitos anos as mensagens sagradas são contestadas, faz parte do processo. A humanidade terrestre são os seres mais primitivos da galáxia, são as crianças celestes. Todas as outras civilizações são mais avançadas.
Todas as outras trabalham em sincronicidade, só o humano se considera um ser singular.
Só o humano distingue classes, religiões, grupos e partidos, cores e géneros. O

humano divide-se sob si mesmo, gera o cancro. Cada célula se acha diferente das outras, especial. Isso é o ego, o individualismo. É o complexo do homem, a capacidade de se autocentrar, de se separar e gerar guerras e conflitos. Os outros estão todos errados, eu estou certo. Porque me acho especial. Isso é criancice. Infantilidade evolucional.

A visão multifocal consiste em olhar o mundo de fora, não de dentro.

Todas as discussões são ridículas, não existe uma razão individual.

Reflita um pouco nisso. Você só é importante no todo. No todo, você é Deus. Separado, você é apenas um idiota, uma formiga.

Sintam a vibração que existe, que nos une em sincronicidade, não existem diferenças entre nós.

O outro também fica triste, o outro também ama, o outro também quer ser amado, incondicionalmente.

O outro, é você! Não consegue compreender isso?

Para que, prejudicar o outro?

Para quê, querer as atenções para você, os elogios para você, se os outros também são você?

Os outros erram e você também erra.

Os outros são lindos, você também é!

Não existe o outro, todos somos o mesmo, moldados em formas e corpos diferentes, essa é a verdade.

Poucos irão compreender isso. Mas está tudo a mudar, o conceito de unidade trazido pela sabedoria estrelar, já está a ser conflagrado.

Quando você sentir isso, será uma libertação espiritual, um estado uno, perfeito.

Você possui tudo que os outros possuem, não há riqueza exterior. Isso é a ilusão dos pobres de espírito.

Que precisam de um automóvel assim e assado para serem superiores.

Precisam de matéria porque não se integram nas maravilhas do todo.

Isso não é maldade, é ignorância, futilidade. Não me amem, amem o todo, o fluxo universal que nos une.

Sintam esse fluxo, é maravilhoso. Esse é o primeiro passo, a sincronicidade com os outros seres humanos, bonitos, feios, gordos, magros, todos são o mesmo ser. moldado por circunstâncias diferentes.

Isto não é sabedoria, é a realidade.

BIOCENTRISMO

A capacidade de criar o universo à nossa volta com o uso da nossa consciência. Buda nasceu na mesma altura de Tao, um pouco antes de Confúcio, há 2600 anos atrás, ambos trouxeram uma mensagem estrelar...

As pessoas ouviram as mensagens, no entanto não as entenderam muito bem, porque não eram divertidas. As pessoas preferem ouvir histórias, contos, metáforas que sirvam de exemplos nítidos e claros. Os Japoneses são inteligentes, serviram-se de todas estas mensagens e transformaram-nas num método novo – os contos Zen.

Ouvindo os contos, todas as pessoas compreendiam as mensagens e assim elas eram divulgadas. Se não for divertido, ninguém vai ouvir, nem ler, nem querer saber para nada. Talvez por isso Cristo usasse tantas metáforas, os lírios do campo, que eram mais belos que as vestes de Salomão, o rei dos reis da antiguidade, etc.

A vida é um jogo de futebol. Você corre atrás da bola, tenta marcar golos. Milhões observam você jogar, o tempo todo. Todos querem que você ganhe, os seus adeptos. Eles estão aí, a vê-lo, o tempo todo, mas você não pode olhar para eles, está concentrado na bola, no jogo.

Você acha que está sozinho, na vida, mas milhares de entidades olham para si, seres de luz, anjos, extraterrestres, espíritos, há muitos nomes que se podem dar. Mas eles estão lá, o tempo todo. Se você ficar parado, a descansar, eles aguardam que continue. Se você perder a vontade de jogar, e ficar num canto, eles não vão apreciar, tentarão incentivá-lo.

Cada vez que você tem sucesso e marca um golo, que é um passo na sua vida, eles celebram, gritam de felicidade, mas o ruido é tanto que você não ouve.

Eles são Deus, são o pai, são a outra humanidade, os seres estrelares. Os que enviam as mensagens desde o exórdio. Para você, o jogo parece muito comprido, uma vida inteira a correr atrás da bola. Para eles, são apenas umas horas, o tempo é relativo, muito relativo.

Se você sofrer um pouco, torcer um pé, cair para o chão em sofrimento, eles sabem que é apenas por uns momentos. Logo estará atrás da bola, outra vez. Mas para você, podem parecer meses, anos, pode entrar em frustração, desistir de jogar. Esta é a metáfora, a vida são dois dias, duas horas, dois segundos. Mas você sempre estará acompanhado pelos anjos protetores.

Quando você reza, para por uns momentos com a mão no peito, é um gesto nobre e eles ficam comovidos e rezam com você. Esse é o poder do amor, a oração.

Algumas pessoas ficam curiosas quanto ao matrix... O que é o matrix? Imaginem um monte de números, um código. Esse código forma uma parede e essa parede é aquilo a que chamamos de realidade. Como alterar essa realidade, será possível? Já pensou na hipótese de ser famoso, rico, admirado, respeitado, amado? Tudo isso é possível, basta começar a desenhar o que você quer para si, agora!

A maior parte das pessoas lamenta-se, mas opta por não fazer nada. Lamentar é pensar "eu sou idiota e toda gente me odeia..." Assim projetam o fracasso nelas próprias, recriando um matrix ridículo. Nem sequer projetam o que desejam para elas próprias. Tudo na sua vida é permeável e alterável, você pode ficar mais magro, mais novo, mais saudável e mais bonito até, basta aceder ao matrix. A ciência é apenas uma mescla de fatos confusos e especulação que muda a todo instante.

O matrix é um código que você próprio desenhou, o seu "eu" superior desenhou para você. Comunique consigo mesmo e faça da sua vida um mar de ostras, não duvide nunca, pode até duvidar de Deus, se quiser, (embora eu não recomende) mas não duvide de si mesmo. A realidade está ao seu alcance, mude hoje, se desejar, ou fique exatamente como está, você manda em tudo à sua volta, é a sua vida, a sua realidade.

Porque muitos nunca conseguem mudar isso? Porque estão absorvidos pelo matrix, acreditando que esta realidade é imutável! Todos aqueles que acreditam, conseguem fazer milagres, conseguem transcender e marcar o golo do Cristiano Ronaldo. Essa é a diferença.... Acredite!

Esse é o segredo dos campeões, eles vão no matrix e mudam as regras do jogo a favor deles próprios e o mundo inteiro fica a contemplar, ávido e pasmado.

Não existe massa, não existe matéria, tudo é uma ilusão da própria realidade que só existe no matrix do seu próprio pensamento e você pode alterar isso a qualquer momento.

A vida na terra são umas férias e você pagou por elas, está na hora de desfrutar à vontade.... Somos o sonho ou pesadelo que recriamos a todo instante.

O Código Humano

O mundo está dividido por um código linguístico, os chineses para um lado, os russos para outro, cada língua comunicando entre si, independentemente.

Dentro desses géneros, existem subgéneros que dividem os povos do Norte e os do Sul, os do Alentejo e os do centro e ainda existem microgeneros que nos afastam uns dos outros mediante status e educação, o que origina um bilião de linguagens diferentes, rompendo com as conexões do novo e do velho, do sábio e do ignorante.

Para alem disso existe um código vibratório que não é traduzível, funciona com a leitura daqueles que conseguem visualizar esse som, estando presente também na escrita, cada palavra com a sua força e nem todos o conseguem ler e compreender. Você pode ser a pessoa mais inteligente do mundo que não importa, pode ser a pessoa mais amável que não vai fazer qualquer diferença.

A beleza também não vai exercer qualquer influência para aqueles que não ouvirem você, irá se tornar simplesmente invisível.

Mesmo que seja famoso ou famosa, só quem conseguir captar a sua voz dentro dessa vibração quântica irá, de alguma forma, responder aos seus pensamentos, por isso nem importa o que você diz, mas o que você pensa e isso não dá para desbloquear, pois é a sua linguagem quântica, é o que você transmite para o universo atraindo unica e exclusivamente, os seus semelhantes.

Se forem milhões, é provável que a sua linguagem seja muito simples, se forem meia dúzia, bem, é porque você é exclusivo e há poucas pessoas iguais.

Perguntamos, talvez, porque estudar este ou aquele assunto mais complexo sobre as origens e afins do universo, para quê ter esse trabalho de aprendizagem se, um dia, eventualmente, vamos morrer?

Questionamos, provavelmente, se existe uma lógica divina para tudo, ou não, se tudo é, afinal, algo de aleatório? E continuamos a questionar internamente sobre a razão disto, ou daquilo, sobre o bem, sobre o mal, indagando questões profundas e complexas como as injustiças e o lucro dos incautos. Não seria de esperar obtermos nós, os que tentam e se esforçam, por receber, então, o maior bónus? A celebre recompensa dos justos? Mas não é assim que funciona, meus queridos.... Perante a questão da morte e da evolução, se a morte existisse, não haveria mesmo propósito algum em qualquer aprendizado, bastava ser animal, matar a zebra, come-la!
Usufruir dos sabores mais intensos do pecado mais profundo... A consciência não

nos permite isso, porque ela tem sim a ligação ao divino, ao nosso "eu" cósmico que trabalha com Deus e a ele pertence. A consciência sabe que não existe pecado, mas erro e que eventualmente iremos pagar por esse erro, por esse ato egoísta e idiota de trapaça em prol do proveito próprio.

Por isso não dormimos bem, se agirmos mal! Por isso precisamos de aprender o tempo todo e até deixamos um legado de sabedoria para quem vier atrás, e todas as lições são muito bem-vindas, porque nos ensinam a superação com menos dor e esforço.

Então lemos o que 10 aprenderam e depois passamos a mensagem, entretanto morremos e outros vão e aprendem com essa mensagem e acrescentam mais dez mensagens, e vão criando o livro da sabedoria ao longo de milhares de anos, a bíblia do futuro, podemos acrescentar. E nós hoje aprendemos com as nossas próprias mensagens do passado, porque já as havíamos escrito, e assim vamos crescendo com as nossas próprias palavras, vida após vida, em direção a Deus.

15.08.2018

Existem mensageiros. Pessoas cujo único propósito na vida é entregar uma mensagem estrelar. Por vezes são muitas mensagens. Isso está implícito no livro "As 13 Vidas do Faraó".

Na verdade, todos nós somos mensageiros. Mas há muitos tipos de mensagens. As mensagens que provêm das estrelas, são de contexto histórico, mudam a humanidade. Pessoas como Mahatma Gandhi, como Francisco Cândido Xavier, como Buda...

É uma missão complicada, a dos mensageiros. As mensagens não chegam rápido, nem mesmo via internet. Kryon já está na terra há 22 anos a enviar mensagens muito importantes, no entanto, a maior parte das pessoas nem sabe quem ele é.

Isto porque são mensagens demasiado polémicas, demasiado inovadoras e por isso, podem demorar 300 anos a serem assimiladas. Os bisnetos dos leitores serão os verdadeiros ouvintes. Porquê?

Por causa do ceticismo, a maior parte das pessoas, se fosse hoje, ainda achava que o sol girava à volta da terra.

Tudo que é importante gera polémica, confusão. Assim Sócrates foi morto pelos Atenienses, já naquela altura a mensagem era demasiado inovadora.

Um sábio devia governar? Não uma serie de ignorantes, porque não?

Estes ganham uma quantia muito boa, que lhes garante umas vidas muito confortáveis...

E a humanidade vai andando assim, despreocupada. Mas o importante é que, mais tarde ou mais cedo, as mensagens acabam sendo entregues.

As mensagens não podem ser muito curtas, nem muito compridas, para que sejam entendidas pacientemente.

Finalmente, cada mensageiro tem de ter, obrigatoriamente, 12 discípulos. Caso contrário, a mensagem não será entregue. A seu tempo, os discípulos vão aparecendo, como apareceram para Buda, para Jesus, para todos os outros mensageiros. Porque a missão dos discípulos é ajudar esses mensageiros.

E tudo segue a sua ordem divina, descomplicada e difícil. Todos os meus escritos são gratuitos. As mensagens são psicografadas, não sou eu que as escrevo, diretamente.

Somos vários...

Desde o exórdio que nos foi oferecida sempre duas hipóteses de interpretação da realidade, uma sendo a ciência, outra a religião. Para a ciência, somos todos aquilo que interpretamos como um acidente cósmico e aleatório, para a religião temos uma outra razão, ser bons e servir a Deus, independentemente de tudo, aceitar todas as circunstâncias cegamente e sem nada contestar. Mediante estas duas possibilidades, as pessoas vêm-se impelidas a aceitar qualquer uma, pendendo para um lado qualquer, ou caem em ateísmo e são ateus, ou decidem pender para o divino e nada mais importa. Os mais sábios tentam usufruir das duas hipóteses, estudam a ciência e convergem com o propósito divino para não perderem nada. Mas porque só nos oferecem essas duas hipóteses? Porque nos ocultam o que é mais óbvio, a verdade de Buda, de Pitágoras, de Platão? Porque as pessoas se recusam a entender que há uma terceira hipótese e essa hipótese é a existência de um matrix? Certamente que muitos já ouviram falar de Max Planck, o pai da física quântica, a quem foram atribuídos os maiores prémios de todos os tempos. Max Planck descodificou o código do átomo, descobriu o impossível e o impossível é que não há impossível. Que tudo é uma infinita cadeia de possibilidades e que a força motriz dessas possibilidades é o pensamento. O que leva a deduzir que o pensamento altera o movimento e a ação do átomo, e Max Planck confirmou precisamente isso, cientificamente. A+B não é igual a C, A+B pode ou não pode ser C. Nada está estipulado e um mais um, não é dois. Um mais um, pode ou não, ser dois. Dito isto, até o próprio Einstein deitou as mãos à cabeça, e protestou. Protestou durante 15 anos, até que, após muito discutir com o brilhantíssimo Niels Bohr, acabou por concordar com a relatividade de tudo em relação à variável que é o pensamento. Para tentar simplificar esta tese, porque agora as pessoas ficam a pensar – como assim, um mais um não é dois? – darei no próximo capítulo alguns exemplos muito simples.

Bem, desde sempre que o homem usou a física Newtoniana para fazer os seus cálculos. Esta física era básica, simples e eficaz, consistindo num conjunto de fórmulas pré-estabelecidas que eram sustentadas por silogismos e lógica. Por exemplo: "Todos os homens são mortais, Sócrates é homem, logo, é um mortal".

Isto é um silogismo, um conceito criado por Aristóteles e que parece profundamente lógico para muitos e, respetivamente, para a física Newtoniana. Mas para Francis Bacon, o pai da ciência moderna e um dos maiores génios de todos os tempos, esse princípio estava errado. Porquê?

Porque é um princípio experimental não intuitivo e logo, pode induzir em erro. Passando a explicar, quando vemos um magico a tirar um coelho de uma cartola, nem sempre quer dizer que as cartolas dão coelhos, por mais convincente que seja o magico, e a cartola. Somos levados a crer que A+B=C porque isso é tão lógico que parece verdade, como parece lógico que um mais um seja dois. O problema está que, para algo ser verdade, tem de ser sempre verdade. Não é. Um mais um pode ser dois, mas também pode ser três, ou quatro, ou 100. Se colocarmos um rato numa gruta, ou melhor, se colocarmos um rato mais um rato numa gruta, aparentemente temos dois ratos, no entanto, ao fim de dois meses podemos ter cem ratos, não dois. Também podemos ter apenas dois ratos, ou um rato, porque podem ser dois machos e um pode comer o outro. Tudo isto comprova que, nem sempre um mais um é dois. Isto não se aplica apenas a ratos, se forem pessoas vai haver a mesma hipótese, se forem pedras também. A única forma de garantir que um mais um é dois, seria juntando duas peças exatamente iguais, e todos sabemos que não existem duas coisas iguais em lugar algum, por isso, um mais um não é dois, mas pode muito bem ser dois. A realidade não é linear, o universo não tem uma data de nascimento porque antes de existir, já existia o tempo (conforme referenciado por Immanuel Kant), o que significa que antes de existir o universo, já existia alguma coisa e isso é o universo. Caímos sempre num paradoxo e esse paradoxo é o matrix, a única coisa que temos a certeza que é real, e essa coisa é o código genético que forma todas as coisas, ou seja, o DNA universal. Isto significa que a única coisa que sabemos que não é real, é a própria realidade. Tudo o resto é a ilusão da própria realidade.

Não podemos ser absolutistas em relação à ciência, criticando ou julgando de alguma forma. Devemos, sim, observar todos os fatos com a maior transparência possível. É normal e usual uma pessoa cair no engano do experimento, na verdade, todos caímos. Por exemplo, se temos um grande amigo que sempre foi leal, que nos acompanhou por anos e anos, em alturas fáceis e outras difíceis, sem nunca nos deixar na mão, vamos acreditar à la posteriori que esse é um amigo leal. A experiencia nos ensinou isso. Mas não podemos afirmar cientificamente que o mesmo nunca nos vai trair, vender, desiludir e passar para o lado do inimigo, porque na verdade isso só iremos saber, no dia da sua morte. Se realmente a vida toda ele foi fiel, então era um bom amigo sim. No entanto, o tempo todo observamos situações de amigos de infância que sempre foram leais e, um dia, por motivos de sabe-se lá o quê, porque nós tivemos um percalço qualquer, acabamos perdendo uma amizade, ou uma namorada, ou uma mulher, por vezes até, um irmão.

Sim, essa é a realidade. Se utilizarmos o fator experimental para dar como garantido qualquer tipo de relação, então podíamos afirmar que uma mulher que nunca traiu, que teve uma ótima educação, que nunca foi materialista ou interesseira, seria de fato uma mulher fiel. Isso nós podemos afirmar enquanto A+B for C. No entanto, há uma hipótese de um dia A+B não ser C, ou seja, um dia, a propósito de nada, a tal mulher que sempre foi fiel pode fazer um clique e ser infiel. Tão certo como a loteria, é uma possibilidade e isso quando acontece, seja com uma mulher, seja com um marido ou namorado, as pessoas ficam destroçadas e o mundo delas acaba, junto com toda aquela realidade científica e é quando as pessoas começam a olhar para o céu e a questionar a Deus o porquê daquela causa.

Porque as pessoas questionam? Porque não era suposto a ciência errar, a mulher boa é suposta de ser boa sempre, tolerante sempre, leal sempre porque sempre foi.

O problema da ciência e do empirismo, ou seja, da experimentação e leva dos silogismos é que nos levam a acreditar que, se A+B sempre foi C, então sempre vai ser C. Isso nos condiciona a acreditar em os fatos como serem absolutos e isso é perigoso. Podemos, por exemplo, contatar o fato de um homem ir adquirir uns cachorros de raça, inteligentes e dados como fiéis, para tomarem conta da casa e fazerem companhia a uma criança. O homem escolhe a raça Rottweiler, animais puros e recém-nascidos, recomendados por um criador. Não era suposto haver perigo algum, uma vez que não é uma raça perigosa, mas controlada e registada. Um dia, dois cachorros ainda em crescimento resolvem atacar a criança, despedaçando-lhe um braço. Todos ficam em choque, do dia para a noite, A+B já não é C, tudo mudou, agora a raça é considerada perigosa e, por inércia, todos os Rottweiler entram para a lista dos cães de fila, se um Rottweiler é maluco, todos os Rottweiler são malucos e passamos automaticamente a utilizar o silogismo de Aristóteles. O que está errado aqui? Não é por um cão atacar o seu dono que todos os cães o vão fazer, não é por um casamento correr mal, que todos vão correr, A+B não é C, nem vai deixar de ser. Tudo é, até deixar de ser na cadeia ínfima de probabilidades, porque o matrix encarrega-se de mudar os códigos o tempo todo, e essa é a realidade. A ciência não está certa, nem está errada, ela simplesmente é falível, muito falível, e ninguém está disposto a acreditar nisso, todos ficam olhando para a vida de uma forma linear. Por isso, quando uma pessoa faz um aniversário, ela envelhece. Porque todos acreditam que passou mais um ano e quando passa um ano, todos envelhecem. Tudo ilusão das nossas próprias cabeças, que preferem acreditar em linhas do que nos milagres da multiplicidade cósmica, o matrix quântico.

É fascinante observar como as pessoas ficam hipnotizadas com os fatos científicos, interpretando tudo como sendo uma verdade absoluta, apenas porque foi comprovado cientificamente. Os experimentos científicos apenas utilizam uma teoria inventada por alguém e, muitas vezes, atribuem como verdade aquilo que não é contestado por mais ninguém. Temos o exemplo da lua, alguém se lembrou de sugerir que a lua era um pedaço de Marte que se soltou ao colidir com a terra e ficou ali a flutuar por milhões de anos, e ninguém mais contestou essa ideia. Por isso, é considerado uma verdade científica, ainda que não haja prova alguma para atestar a sua veracidade. Tal como as teorias do Big Bang, os homens constataram que todas as estrelas se estavam a afastar ao mesmo tempo, por isso, deduziram cientificamente que todas tinham de ter partido de um único ponto comum, que seria a origem do universo. Como eles sabem disso? Estavam lá, para ver? Não, tudo dedução fundamentada no princípio de Cristian Doppler, ou seja, o efeito doppler, se todas as estrelas têm uma emissão externa vermelha, é porque se estão a afastar e se se estão a afastar, é porque vieram daqui. Mais um teorema silogístico, ou seja, A+B é C, não importa se C é um absurdo, essa é a teoria, vamos respeitar.

O problema dos fatos científicos é que estão sempre a mudar, porque raramente são corretos. Quando eu era pequeno, era obrigatório as crianças serem operadas às amígdalas. Logo, eu também fui operado, porque a medicina assim o exigia. Pouco tempo depois, as amígdalas já eram "amigas" do ambiente circundante, ou seja, não faziam mal algum. Porque é que eu fui operado? Provavelmente na altura o matrix dizia que aquelas bolinhas estavam ali a mais. O curioso é que, para bem de nossos pecados, lá encima estão sempre a transcodificar o matrix e a realidade continua a mudar, vão surgindo galáxias inteiras novinhas em folha para o homem "descobrir", doenças novas também, para não cairmos em monotonia, e muitas mais descobertas cientificas fantásticas, pena que nenhuma delas explique de onde vem a luz solar, de onde nasce aquela energia toda, onde está a ficha e quem vai pagar no final a conta da eletricidade...

As pessoas não são muito de crenças, elas preferem utilizar o "racional e comprovado", de alguma forma, as palavras racional e cientificamente comprovado inspiram alguma confiança...

O problema é que esse racional e comprovado só funciona se houver uma fé nesse mesmo objeto científico. Se não houver uma crença absoluta e superior, o objeto perde todo o efeito. É até semelhante à prece e aos dogmas. A pessoa dá uma de "cientista" para parecer inteligente, mas na verdade é uma religiosa passiva, sem se dar conta. O médico prescreve determinado medicamento ao paciente e afirma sabiamente que o paciente vai ficar melhor. O paciente acredita na cura e, ainda antes de o comprimido entrar no estômago, já passou a dor de dentes! Claro que se o médico disser ao paciente que a dor só vai passar uma hora depois de tomar o medicamento, então nesse caso o medicamento não aufere cura mágica instantânea, porque o paciente já não acredita tanto assim.

Se o doutor disser que existe um efeito placebo no medicamento e que grande parte da cura consiste nesse mesmo efeito, então aí o doente vai perder a confiança absoluta que tinha no tal médico, talvez ele seja um incompetente, agora o medicamento já só vai fazer metade do efeito. Se, além disso, o médico disser ao doente que há a de de haver uma reação em um milhão de o paciente ter um ataque cardíaco e morrer, nesse caso a credibilidade do médico desaparece por completo, o paciente já nem vai tomar aquele comprimido, ele vai a outro médico menos incompetente, um daqueles médicos que sabem o que estão a fazer, que vai receitar o comprimido milagroso, então ele vai ao tal outro médico, o médico receita exatamente o mesmo comprimido, mas com um nome diferente, o doente toma o comprimido e pim, em dois segundos passou a dor de dentes, ele já está praticamente curado.

O que aconteceu de diferente? O médico era outro, mais novo, menos interessado, despachou o doente com uma história rápida, mas a crença na cura de um médico mágico que é um grande cientista e está tudo mais que comprovado, garante agora que a cura seja imediata. O que isto difere de uma crença em Deus, nos anjos ou na nossa senhora de Fátima, em que um doente acredita que determinada oração lhe vai conceder uma cura milagrosa?

Nada, ambos os sistemas funcionam com a modelação do matrix interno, quem fez a cura foi a crença, foi o sujeito. No dia em que o sujeito deixa de acreditar, a cura deixa de existir.

Agora vamos supor que você precisava de perder uns quilos porque sentia que ficava mais saudável e bonita.

Começava a fazer umas daquelas dietas dispendiosas, mas que resultam, comendo umas bolachas sem sabor ao jantar e ao acordar. A dieta garantia-lhe uma perca significativa de peso e você estava satisfeita.

Depois, você descobria uma outra forma de emagrecimento quântica, que consistia num método de purificação interna muito mais fácil e económica.

Tudo o que você tinha de fazer era colocar o despertador para as duas da manhã e tomar dois copos de agua por entre o sono. A água tinha de ter umas gotas de limão que iam servir de um poderoso antioxidante e você perdia muito mais peso que com a outra dieta idiota.

Agora sim, você estava realmente contente, sentia-se inteligente com essa descoberta.

Será que a dieta dos copos de água era realmente uma verdade, ou apenas uma teoria inventada por um físico qualquer à procura de protagonismo?

Por um lado, você realmente estava a perder muito peso, mas seria verdade?

A única verdade absoluta é que você acreditava na dieta e, por isso, emagrecia.

Se uma outra pessoa não acreditasse, a dieta não faria efeito algum.

Claro que se você não tomasse nada, não emagrecia, a crença precisa de um suporte, como a ideia de um Deus, ou de um comprimido.

A razão disso é que o matrix não se deixa aceder sem uma chave, neste caso a chave são os copos de água com limão.

Para uns, pode ser considerado um ritual mágico, para outros, apenas biologia, o limão ingerido em doses homeopáticas à noite faz um efeito milagroso.

Não existe magia, mas existe magia, a magia de entrar no matrix com o seu pensamento e acreditar, com esse processo, tudo resulta, é o poder da fé.

Bibliografia

"O Erro de Descartes" - António Damásio "A Cura Quântica " - Deepak Chopra "As 7 Leis da Realização pessoal" - Deepak Chopra "A Cura pelo Pensamento" - Luiz Antonio Gasparetto "Ansiedade" - Augusto Cury "A Crítica da Razão Pura" - Immanuel Kant "História da Filosofia" - Jean-François Pradeau "Pais Brilhantes, Professores Fascinantes"- Augusto Cury "Você e a Eternidade" - Lobsang Rampa "A 3º Visão" Lobsang Rampa "Fundamentos da Gnosis" - Samael Aun Weor "As Cartas de Cristo" - Escrituras "A Bíblia Sagrada" - Evangelhos " O Mestre dos Mestres " -Augusto Cury "Mensagens do Astral" - Ramatis " O Livro de Seth" - Jane Roberts " O Livro de Ouro de Saint Germain" - M.Soares Claussen " Você é o que Pensa " -Lauro trevisan " Antropologia Gnóstica " - Samael Aun Weor " Einstein Relativamente Fácil " -Teodoro Gómez – "Seth Fala" – "Uma breve história do tempo " ; " O Universo numa casca de nós " – Stephen Hawking – " O Evangelho Segundo o Espiritismo " ; " O livro dos médiuns " – Allan Kardec – " Ocultismo Prático " – Helena P.Blavatsky

Bruno Sampaio de Sousa, 30/05/2018
Sintra, Mem Martins, Portugal
Series1fixe@gmail.com

Bruno Sampaio de Sousa, poeta e escritor Português, nascido em Lisboa a 10 de Julho de 1975, estudante de belas-artes, com aptidão para a pintura e escultura, iniciou a sua carreira literária após descobrir a sua vertente mediunica. Estudou metafisica, filosofia, linguistica durante a licenciatura em humanidades, escreveu mais de 10 obras em menos de um ano, incluindo a "Mecânica Quântica do universo", "Akenaton Fala" e o Código do Homem, iluminado pela entidade Atom, o seu "eu" interior estrelar milenar.

www.ingramcontent.com/pod-product-compliance
Lightning Source LLC
Chambersburg PA
CBHW031621210526
45464CB00004B/1680